南昌县气候图集

胡 磊 主编

气象出版社
China Meteorological Press

图书在版编目(CIP)数据

南昌县气候图集 / 胡磊主编. — 北京：气象出版
社，2018.3
ISBN 978-7-5029-6729-1

Ⅰ.①南… Ⅱ.①胡… Ⅲ.①气候图-南昌县-图集
Ⅳ.①P469.2

中国版本图书馆 CIP 数据核字(2018)第 019885 号

出版发行：气象出版社

地　　址：北京市海淀区中关村南大街 46 号	邮政编码：100081	
电　　话：010-68407112(总编室)　010-68408042(发行部)		
网　　址：http://www.qxcbs.com	**E-mail**：qxcbs@cma.gov.cn	
责任编辑：张　斌	终　审：吴晓鹏	
责任校对：王丽梅	责任技编：赵相宁	
封面设计：博雅思企划		
印　　刷：北京建宏印刷有限公司		
开　　本：787 mm×1092 mm　1/16	印　张：14.375	
字　　数：350 千字		
版　　次：2018 年 3 月第 1 版	印　次：2018 年 3 月第 1 次印刷	
定　　价：60.00 元		

本书如存在文字不清、漏印以及缺页、倒页、脱页等，请与本社发行部联系调换。

《南昌县气候图集》编委会

主　编　　胡　磊

副主编　　张金恩　　王尚明　　张崇华　　胡建国　　万　正
　　　　　张文红

编　委　（以姓氏笔画为序）
　　　　　王　芸　　甘传辉　　任金荣　　陈义轩　　吴风雨
　　　　　杨　林　　张清霞　　邹　琳　　胡逢喜　　胡　萍
　　　　　曹贺子　　程红平　　曾　凯

统　稿　　胡　磊　　张金恩

主编简介

胡磊,安徽宿州人,大学学历,理学硕士学位,气象服务与应用气象专业高级工程师。现为江西省气象局精神文明建设办公室副主任,中共南昌市气象局党组成员,中共南昌县气象局党组书记、局长,江西省农业气象试验站站长。

序　　一

近日,一位基层气象工作者打来电话,说是他多年在县级气象部门工作,深切感受到精细化天气预报和农、林、水、城市建管等事业发展对当地气候资料的旺盛需求;于是用两年的时间编撰了一本当地的气候图集,想邀请我为他的这本图集作个序言。抱着将信将疑的态度,我约这个同志见了一面,仔细翻阅了他带来的《南昌县气候图集》清样。看后,感触甚深。首先这是一本对地方很有用的图集,对地方防灾减灾、资源开发利用、气候区划等多方面有参考价值;其次,作为县级气象工作者能主动整理南昌县大量的气候资料,以实际的科学成果积极响应社会的关切,满足多部门的需求实属不易,没有刻苦的工作和科学的精神是难以做到的,这对县站气象工作者决非易事。鉴于此,我很乐意为本书写了此序。

该图集以时间为轴,分析了南昌县 1954—2016 年较长时间序列气候变化情况;以空间为轴,分析了该县 2006—2015 年空间气候分布状况。图集包括南昌县概况、热量资源、水环境要素、辐射资源、风与风能资源、云量雾霜雷暴等天气现象、农业气象、气象灾害风险区划、气象设施分布等内容,并以南昌县地图形式,直观展示了南昌县气候的时空分布状况,客观揭示了南昌县气候的基本特征。读者可以从该图集系统了解南昌县过去 60 余年基本气候概况、气象灾害特征、气候资源分布以及气候变化等情况。

全国、省级的气候图集我见过,县级行政区的气候图集我还是首次看到。图集还综合了农业气象长期观测资料、气象灾害风险区划,并外延至风能、太阳能等清洁资源分布状况,针对性地回应了社会关切。图集创新地采用了前图后文的布局,便于读者前后对照,精准解读;还对区域自动气象站建站以来的观测资料进行较为全面的整理分析并以图集的形式展现给读者,十分难得。

我认为该图集可谓是一部基础性工具书。它将南昌县基本气候状况、气候资源分布以及气候变化等情况以图表的形式直观地展示出来,通俗易懂,便于查阅,填补了当地气候资料整理应用的空白,可为气象、农业、林业、交通、水利、能源、环保、建设、旅游、工程等行业进行管理、决策、设计、教学和科研等提供最基本的科学依据,也可为南昌县委、县政府组织防灾减灾救灾和开展应对气候变化工作提供科学决策依据。虽然这本图集是阐述南昌县的气候问题,但它的理念与方法有推广意义。

应该指出,这本气候图集是集体智慧的结晶,也是基层气象人继续努力的动力。希望图集的编著者们能够继续关注气候变化,挖掘气候潜力,开发气候资源,让气候工作更好地服务于民生、服务于发展、服务于社会。

2018 年 4 月 8 日

序 二

南昌县位于鄱阳湖南端,属中亚热带温暖湿润季风气候,热量资源丰富,年平均气温18.1℃,冬暖夏热,冬季较短,夏季较长,位于长江中游最热地区之范围;无霜期长达268天;年降水量1555.9毫米,汛期多雨,4—6月降水量约占全年47%。降水季节分配不均及年际变化大,导致该县旱涝灾害多发,同时丰沛的水热条件也孕育了物种多样的生态资源。

《南昌县气候图集》是一部专门研究近60年南昌县气象要素和气象灾害变化特征的综合性图集。该图集主要内容包括热量资源、水环境要素、辐射资源、风和风能资源,以及云量、雾霜、雷暴等天气现象和气象灾害及灾害性天气等。该图集以丰富的资料和内容,科学的统计和分析,较全面地揭示了南昌县气候要素与主要气象灾害的时空分布特征和变化趋势,可以为南昌县经济社会发展、公众生产生活、科学研究等提供各种气象参数和依据,也可以为从事气象观测和数据分析的专业技术人员及政府部门决策提供参考。

该图集以1954—2015年南昌县国家基本气象站观测资料为基础,对数据进行质量控制,对各要素值进行统计,对缺失值采用插值法进行补充,并参考周边气象观测站点的资料,以提高数据分析的质量和水平。尤为难得的是,该图集把该县乡镇区域自动气象站自建站以来的资料进行了认真梳理,制作了色斑图,从空间上分析了气候概况,对于推进城乡气象服务均等化具有重要意义。

一种气候类型造就一方自然生态。开展气候资源和气候变化研究,建设生态文明已成为共识。我相信图集的出版有助于南昌县经济社会发展,对其他单位和部门开展此类工作提供了借鉴。

这部图集虽然未达尽善尽美,但作为全国第一部正式出版的县级气候图集,它是一种勇敢的尝试,希望能发挥应有的作用!

是为序。

国家气象中心(中央气象台)

魏 丽

2017 年 10 月 13 日

序 三

  南昌县地处江西中北部,赣江、抚河下游,鄱阳湖之滨,三面环绕省会南昌,属亚热带湿润气候,气候温和,四季分明,雨水充沛,日照充足,凭借得天独厚的自然禀赋、如诗如画的生态环境,昌南人民用智慧与努力,开拓出了一片"水墨人文、锦绣繁华"的"大美昌南、五彩福地",被誉为"千年古县""江南粮仓""鱼米之乡"。

  近年来,南昌县委、县政府紧紧围绕"全市当龙头、全省树标杆"的目标要求,全力以赴拼争"四个率先",心无旁骛建设"五个昌南",推动经济社会发展跃上新台阶。南昌县全国百强排名跃居至第 30 位,成功挺进百强"第一方阵",并先后获评"国家卫生县城""全国文明县城",成为江西省首个也是唯一一个县级全国文明城市。这些成绩的取得,是南昌市委、市政府正确领导、关心关怀的结果,是全县上下戮力同心、团结拼搏的结果,也是与气象系统的准确预报预警、科学防灾减灾密不可分的。特别是全省首套雷电监测预警系统建成并投入使用,全省首套真人主持的电视气象节目正式上线,气象防灾减灾科技园初具雏形,全县气象观测自动化水平和站网密度显著提高,首次实现了雷电伤亡零报告。

  此次,南昌县气象局暨江西省农业气象试验站根据南昌县 1954—2016 年气象观测数据,利用几代气象人呕心沥血、精心采集的宝贵资料统计整编的《南昌县气候图集》,意义重大、影响深远,必将为我县今后做好防汛抗旱、清洁能源发展、城市建管等工作提供科学依据和有力支撑。希望县气象局以此为新起点,紧紧围绕县委、县政府中心大局,解放思想、开拓创新、实干作为,进一步提升气象公共服务能力,建立完善气象灾害监测预报预警体系,为构建生态平安昌南保驾护航,为推动我县气象事业实现更大发展作出新的更大贡献!

南昌县委书记、小蓝经开区党工委书记

2018 年 4 月 19 日

前　言

　　2016 年,我再次到县气象局工作。面对农业、林业、水利、城建等部门以及乡村群众之于气象服务的旺盛需求,当年在万年县气象局工作时就有的一个想法再次浮现出来——能否对既有的气象资料进行认真整理、分析,主动为相关部门和单位提供决策参考?

　　南昌县是全国粮食生产先进县、全国生猪调出大县、全国渔业生产先进县,拥有“鱼米之乡”“江南粮仓”的美誉;2017 年被评为全国中小城市投资潜力百强县市第 10 位和全国中小城市综合实力百强县市榜第 44 位。经济社会的快速发展,对气象防灾减灾工作提出了更高的要求。县委、县政府高度重视气象事业发展,通过大力实施气象探测环境保护、农业气象试验研究、公共财政保障、购买气象公益性服务等方式推进气象现代化。南昌县开展气象观测已超一甲子,使用自动气象站开展乡镇气象观测也愈十年。对这些资料进行处理,时间上可以知晓南昌县六十年来温度、降水、湿度等气象要素变化情况;空间上可以了解各乡镇温度、降水等气象要素分布情况。特别是自动气象站的使用,使得极端气象要素数值的捕捉和分析更为便利。

　　有人说,区域自动气象站资料不具有很好的代表性。但我想,当没有其他更好的资料时,这就是最好的资料。有人说,一个县气象局编写气候图集难度太大,好像还没有先例,出了错误岂不落人笑柄?但我想,在追求科学的道路上,个人的面子不足一提!当然,由于仓促成文、才疏学浅,图集难免挂一漏万、错误百出。但,有总胜于无。故不揣浅陋,愿借此图集求教大方。若拙著的出版,可为南昌县防汛抗旱、农业开发、城市建管、清洁能源利用,甚至招商引资等提供些许的帮助,那就是我这个气象人最大的快乐与幸福!

　　历时近两年编纂的图集即将付梓,在此,我要特别感谢在图集编印过程中给予热忱且大力帮助的良师益友。他们是江西省气候中心王怀清、赵冠男,江西省气象台支树林、肖安,江西省气象科学研究所徐卫民、李迎春,江西省气象信息中心黄少平,南昌市气象局熊匋,浙江省气候中心李正泉,沈阳大气环境研究所赵先丽等。

胡磊

2017 年 10 月

目 录

第 1 章　南昌县概况

1.1　自然地理

南昌县位于江西省中部偏北,赣江、抚河下游,鄱阳湖之滨。介于北纬 28°16′~28°58′、东经 115°49′~116°19′之间。由东至西宽 36 km,从南至北 77 km。东接进贤县,南邻丰城市,西、北与新建区隔赣江相望,东北濒鄱阳湖,三面环抱南昌市主城区,幅员面积 1810.7 km² (图 1.1)。

南昌县属鄱阳湖平原地区。地势南高北低,全境无山脉,东北为湖滨平原,中部为平原,东南部为低、残丘。全境平均海拔高度 25 m,最高点白虎岭主峰 181 m,最低点南新乡芦王村 14.7 m。全境耕地面积占 45.0%,水面占 29.7%,草洲、洼地占 6.5%,村庄、道路、圩堤占 16.7%,山地占 2.1%。

南昌县动植物资源种类丰富,共有植物 120 余种,动物 240 余种,其中国家重点保护动物 9 种,以河豚、白头鹤最为珍贵。境内水系发达,赣江、抚河、清丰山河穿境而过,平均入境径流量约 870 亿立方米,沟渠纵横交错,湖泊、池塘星罗棋布(图 1.2)。

1.2　基本县情

全县辖 9 个镇、7 个乡、1 个管委会、1 个街道办和 1 个国家级开发区,分别是莲塘镇、向塘镇、塘南镇、幽兰镇、武阳镇、蒋巷镇、三江镇、冈上镇、广福镇、泾口乡、南新乡、塔城乡、黄马乡、富山乡、东新乡、八一乡、银三角管委会、八月湖街道办和小蓝经济开发区。全县有 264 个村委会和 94 个居委会及社区,县政府驻地为莲塘镇。

2017 年末,全县户籍总人口为 1039778 人,比上年末减少 9299 人。全年出生人口 14041 人,出生率为 13.46‰;死亡人口 7577 人,死亡率为 7.27‰;自然增长率为 6.19‰。出生人口男女性别比为 112.9∶100。

1.2.1　经济发展

南昌县 2017 年全年实现地区生产总值 782.02 亿元,按可比价格计算,比上年增长 9.2%。其中第一产业增加值增长 4.1%,第二产业增加值增长 8.6%,第三产业增加值增长 12.3%。全年财政收入跨越 110 亿元,累计完成 116.1 亿元,同比增长 10.7%;地方公共财政预算收入完成 63.8 亿元,同比增长 7.7%。财政总收入、地方公共财政预算收入总量连续 6 年在全省领先领跑。全年税收收入占财政总收入比重达 84.2%,近三年税收占比均保持在 80% 以上。

南昌县地图

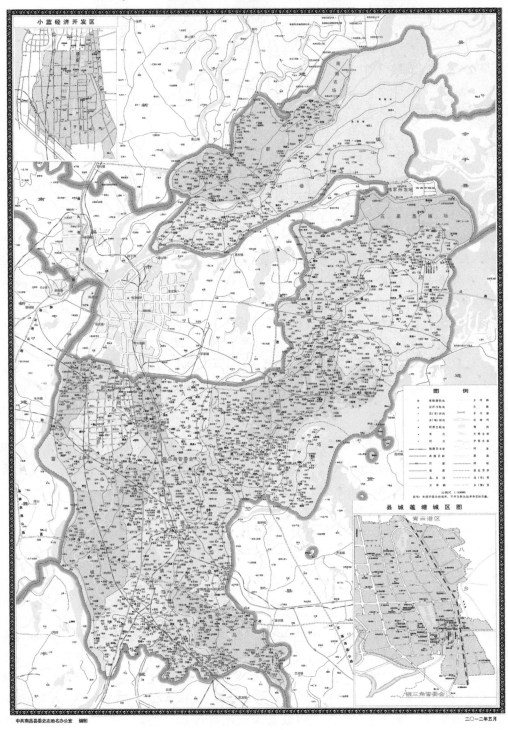

图 1.1　南昌县地图

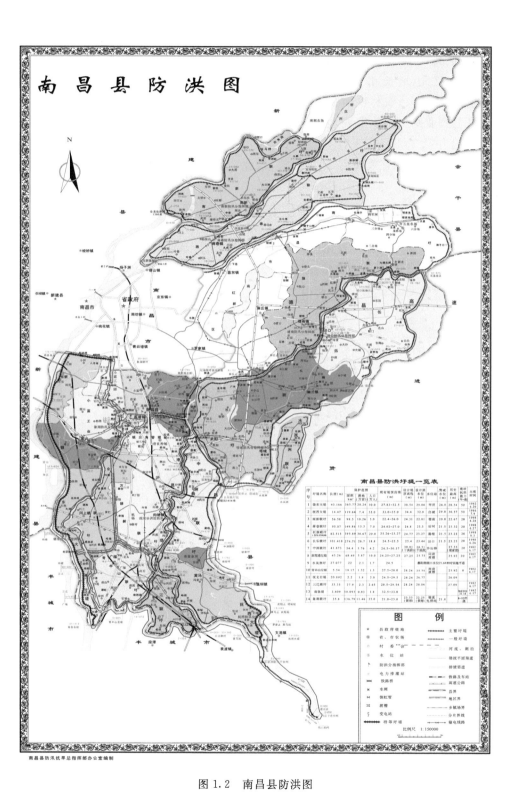

图 1.2　南昌县防洪图

(1)农业

2017年全年农业实现总产值94.9亿元,增长5.8%,剔除价格因素,实际增长4%;实现增加值58.2亿元,可比增长4.2%。其中,种植业实现增加值29.4亿元,增长7.4%;林业实现增加值0.38亿元,增长6.5%;牧业实现增加值13.7亿元,下降1.6%;渔业实现增加值13.1亿元,增长3.8%;农林牧渔服务业实现增加值1.6亿元,增长9%。

市级以上农业龙头企业发展到121家,总量稳居全省县市第一;家庭农场7720家,新增130家;农民合作社1429家,新增46家;种养大户6892户,减少1799户。"三品一标"企业和产品均占全市1/3,其中有效使用"三品一标"企业78家、新增2家;产品318个、新增13个。

(2)工业和建筑业

2017年工业全年规模以上工业实现总产值1189.6亿元,增长10.6%。从注册类型看:国有及国有控股企业增长81.3%,股份制企业增长7.7%,外商及港澳台商投资企业增长20.3%,其他经济类型增长1%。按五大行业划分看:食品饮料业总产值233.9亿元,增长10.2%;轻纺服装业总产值112.1亿元,增长25.9%;医药医疗器械业总产值107.6亿元,增长6.5%;汽车汽配业总产值256.4亿元,增长2.4%;电机电器业总产值91.2亿元,增长20.2%。

规模以上工业企业户数发展到315家,新增41家(其中年报新增26家)。全员劳动生产率38.2万元/人,同比增长13.2%;反映工业经济效益整体水平的综合指数344.16%,比上年增长13.7个百分点。

全年建筑业实现增加值125.4亿元,增长16%。全县具有资质等级的总承包和专业承包建筑业企业145家,实现总产值1096.9亿元,增长16.2%。

(3)固定资产投资

2017年全年实现500万元以上固定资产投资888.7亿元,增长12.5%。从产业构成看,第一产业投资13.1亿元,增长74.3%;第二产业投资492.2亿元,增长15.3%;第三产业投资383.3亿元,增长7.8%。全年工业投资491.1亿元,占投资总量的55.3%,增长14.6%。从本年到位资金来源看,累计到位资金988.4亿元,比去年增加151.4亿元,增长18.1%。其中,自筹资金636.9亿元,下降2.5%,占全部资金来源的64.4%。

(4)贸易旅游

2017年全年社会消费品零售总额179亿元,增长14.9%。分地域看,城镇消费品零售额144.8亿元,增长16.2%;乡村消费品零售额30.2亿元,增长9.9%。分行业看,批发业34.2亿元,增长14%;零售业132.1亿元,增长15.1%;住宿业1.4亿元,增长8.6%;餐饮业11.3亿元,增长16.1%。

全县共有国家4A级景区1家、国家3A级景区7家、省3A级乡村旅游点3家、市乡村旅游点18家。全年共接待游客1320.8万人次,实现旅游综合收入93.6亿元。

(5)文化、卫生和教育

2017年末全县共有文化馆1个,公共图书馆1个,博物馆1个,电影院6家;乡镇文化站16个,乡镇民间剧团6个。全年共送戏下乡224场,送电影下乡4144场,送书下乡21000册。年末有线电视用户10.3万户,广播电视覆盖率为100%。

2017年末全县共有县级卫生机构6个,其中医院2个,妇幼保健院1个,专科疾病防治院1个,疾病预防控制中心1个,卫生监督所1个;乡镇卫生院19个,村卫生室263个。全县共有卫生技术人员 3950 人；医院和卫生院共有床位 1861 张；全县参合农民 88.4 万人。

2017 年全年全县高中招生 4596 人，在校生 15081 人，毕业生 5786 人；全县初中招生 12895 人，在校生 36758 人，毕业生 11826 人；小学招生 14580 人，在校生 81494 人，毕业生 12238 人；特殊教育在校生 74 人；幼儿园在园幼儿 29770 人。

1.2.2　主要景点

南昌县境内有古建筑、古遗址 30 多处，主要旅游风景点有：黄马凤凰沟风景区、三江后万古村、冈上"教授村"、麻丘蜚英塔、澄碧湖公园、塘南令公庙、幽兰马游山风景区，以及武阳曹雪芹祖籍纪念馆、广福永木黎村等。

（1）黄马凤凰沟风景区

凤凰沟风景区，又名江西省现代生态农业示范园，位于江南昌县黄马，国家 4A 级景区，距南昌市中心 35 千米，属丘陵地势，占地面积 8 平方千米，集"农业体验、休闲观光、生态模式、科技集成示范、品种展示、科普教育、技术培训、会务度假"于一体。凤凰沟拥有蚕桑、茶叶、果业、苗木等丰富植物种类与生态资源，形成丝绸之源、茶海碧波、百果飘香、山花烂漫等美丽的景观，融合了现代生态科技亮点与传统蚕丝文化、茶文化底蕴。另外，景区特产也十分丰富，有桑叶桃酥饼、桑叶茶、桑果糕、无患子天然手工皂、蚕丝被、茶叶、桑果汁、桑果醋、桑叶面、桑葚冰酒、茶叶枕、蚕丝枕、蚕沙枕、丝巾、领带、彩色丝茧球、美容丝茧等。

（2）三江后万古村景区

三江后万古村位于南昌县三江镇，距省会南昌市 40 千米，为南昌县望族名村，自北宋神宗年间，古兵部尚书、爱国先贤万迪公始迁至此，迄今八百余载。地处四县之交，秀揽三江。世代文风蔚盛，忠臣义士，人才辈出。历朝金榜题名之进士有记载者就有 15 人。村内绿树芳草，碧水如镜，有万芳园之迪公铜像、迪公古墓、道光古井、必大之门、金榜旗杆石、石堤十八坡及明朝民居建筑群等名胜古迹。2009 年被江西省政府列为历史文化名村，同年又被南昌市评为十佳旅游景观古村，2013 年被南昌市旅游局评为南昌市乡村旅游点。

（3）冈上"教授村"景区

冈上镇月池熊村是闻名全国的"教授村"。先后走出了 300 余位中科院院士、博士、硕士、副教授、教授，成为闻名遐迩的"教授村"。月池熊氏的最早先人可追溯至清代雍正至嘉庆年间，历代进士以上修建的排房，在月池连成了片，统称"大夫地"。据统计，全村有中科院院士 1名，博士研究生 11 名，硕士研究生 50 余人，副教授以上职称 260 余人，仅在北京大学任副教授以上的就有十余名。

（4）麻丘蜚英塔

蜚英塔俗称宝塔，位于麻丘镇宝塔村南。建于明天启元年（1621 年），为传统楼阁式砖石建筑，坐北朝南，平面呈六角形，塔基用长方形红砂石砌筑。塔身七层，层间为青石板岩，塔内有砖阶，可由塔内转至外檐旋攀至顶层，含塔刹总高 35 m。第三层正面嵌一塔碑：右书"龙飞天启辛酉元年正月十一日立"，中刻"蜚英塔"三字，左书"东阁大学士癸未状元朱国祚题，西川左藩伯丙戌会魁周著鼎建"。

（5）莲塘澄碧湖公园景区

莲塘澄碧湖公园位于南昌县县城莲塘中心地区，是一座以休闲娱乐为主题的多功能生态公园，整个公园以澄碧湖为中心，风景优美，交通四通八达，是莲塘镇居民休闲、散步、娱乐、健身的好场所。公园总面积 100 公顷,分南北两苑,南苑又名文化广场,面积 8 公顷,四面环水,三桥贯通,供市民休闲娱乐。北苑紧靠澄湖北大道行政办公区,规划面积 16 公顷,以集会升旗、休闲观光等功能为主。澄碧湖公园先后被评为南昌市"十大夜景"、南昌市一级三星级公园。

(6)塘南令公庙

塘南令公庙坐落于塘南镇柘林街,位于抚河支流北岸,依堤傍水,气势雄伟。据庙内碑刻记载,该庙始建于南宋末年,是为了纪念唐代名将张巡而建。1942 年农历七月十七日深夜,日军分别从尤口范家、荷埠周家两个据点出动 100 多人,奔向 20 多里外的塘南地区进行残酷的"三光"大扫荡。柘林街令公庙是日寇集中屠杀村民的主要地点,大屠杀整整进行了一天,令公庙内的 120 多名无辜群众,几乎悉数被杀。1987 年 12 月,江西省政府把塘南令公庙日军大屠杀遗址列为"江西省文物保护单位",1995 年,江西省政府批准令公庙为南昌市爱国主义教育基地。

(7)幽兰马游山风景区

马游山风景区位于江西省南昌市东郊幽兰镇,地处碧波荡漾的青岚湖畔,距省会南昌市 20 千米,北靠南峡公路,距南昌昌北机场仅 30 千米。因朱元璋与陈友亮大战鄱阳湖在此游过战马而得名,总面积 200 公顷。山上果树成荫,瓜果飘香,以盛产梨、桃、柑橘、板栗等为主。山的南端有东禅寺、观音庙、地藏寺三个佛教圣地。马游山上古树奇花飘香,湖域银鱼、白鹭成群,寺庙香客游人不断,为南昌地区著名旅游景点。

(8)武阳曹雪芹祖籍纪念馆

武阳镇地处鄱阳湖滨区,距南昌市仅 22 千米,为南昌市近郊。交通便捷,自然生态条件优越,文化遗存深厚。经考证,我国文学巨著《红楼梦》作者曹雪芹祖籍在江西省南昌县武阳镇保丰村,在 2001 年 8 月召开的全国《红楼梦》文化探讨研究会期间,红学大师、全国红学研究会名誉会长周汝昌,三次接见到会的武阳代表,并挥毫为武阳题写了"曹雪芹祖籍武阳镇"牌楼门以及牌楼两旁的楹联。曹雪芹祖籍纪念馆规划占地 8 公顷,由纪念馆、仿古一条街、文化广场、曹氏宗祠、曹雪芹塑像、停车场、园林绿化带等景点组成,为全市旅游总体规划重点建设项目。

(9)广福永木黎村景区

景区位于江西省南昌市郊广福镇,为唐永王李璘故居,距省会南昌市 35 千米。据黎姓家谱记载和地名普查资料所记,从唐始,黎姓已居于此,至明、清已历经数朝而不衰。民国时期虽遭日军轰炸,现仍有房屋 37 幢,其中 34 幢为明末清初所建,风格古朴迥异,多为勒马式八字斗门,一般两进四厢或一进两厢带反照堂,有的两旁留有暗走巷。永木黎村成一扇形,村庄房舍坐西朝东,呈半月形排列(古时为了便于观戏),一口新月形池塘环绕村前。村后有畲山,竹木成林,鸟语花香,而山后的吴家山缓丘上座落的唐永王墓,为这座千年古村平添了几分神秘的色彩。永木黎村历史文物、景点众多,有保存完好、雕刻精密,并具有中国古代建筑风格的"大夫第"、"贞节牌坊"等保存完好的古建筑群。

第2章　南昌县气候图集

2.1　热量资源

2.1.1　平均气温

（1）各月平均气温

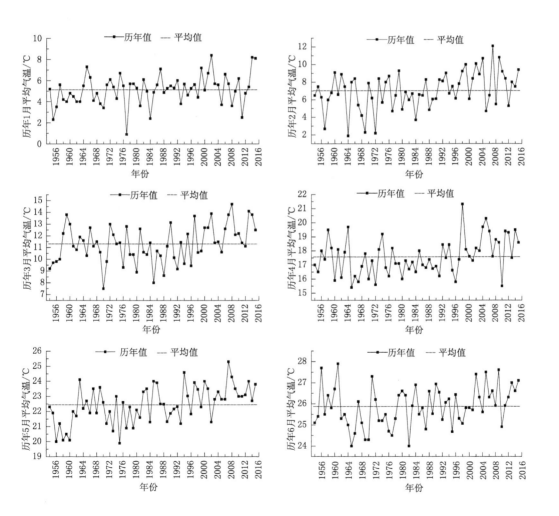

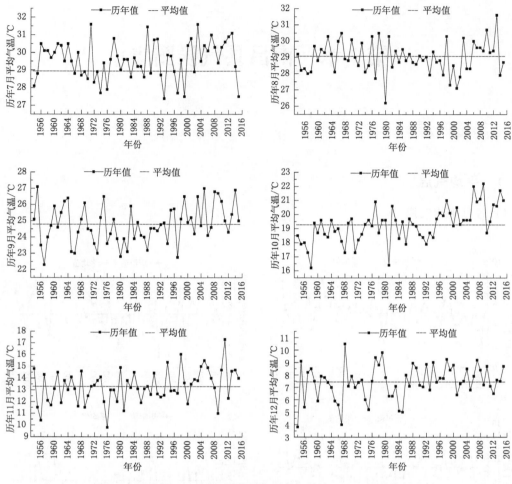

图 2.1　1954—2015 年南昌县国家基本气象站 1—12 月平均气温

(2)年平均气温

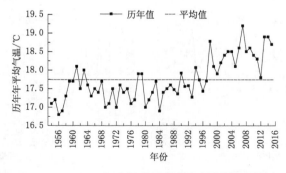

图 2.2　1954—2015 年南昌县国家基本气象站年平均气温

（3）区域自动气象站各月平均气温

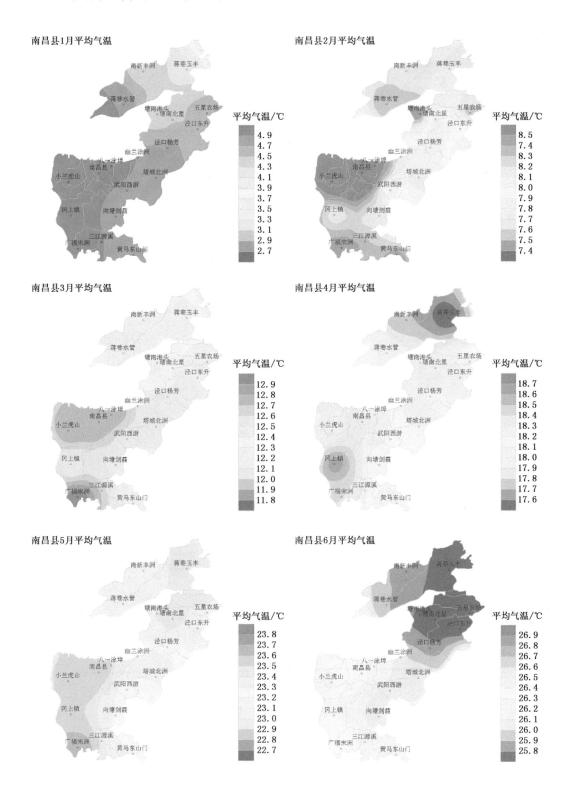

南昌县1月平均气温

南昌县2月平均气温

南昌县3月平均气温

南昌县4月平均气温

南昌县5月平均气温

南昌县6月平均气温

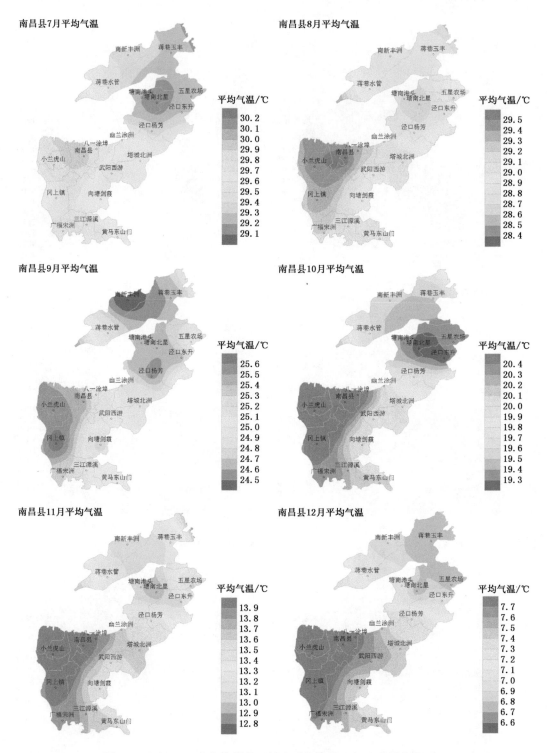

图 2.3　2006—2015 年南昌县区域自动气象站 1—12 月平均气温

（4）区域自动气象站年平均气温

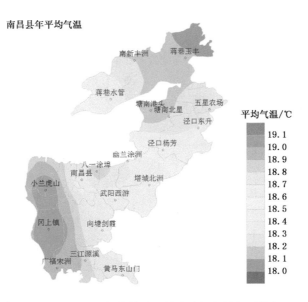

图 2.4 2006—2015 年南昌县区域自动气象站年平均气温

2.1.2 平均气温日较差

（1）各月平均气温日较差

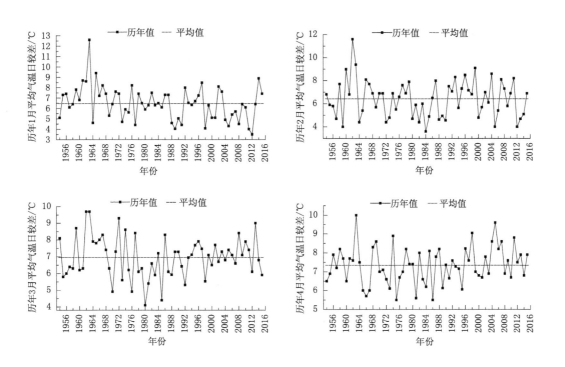

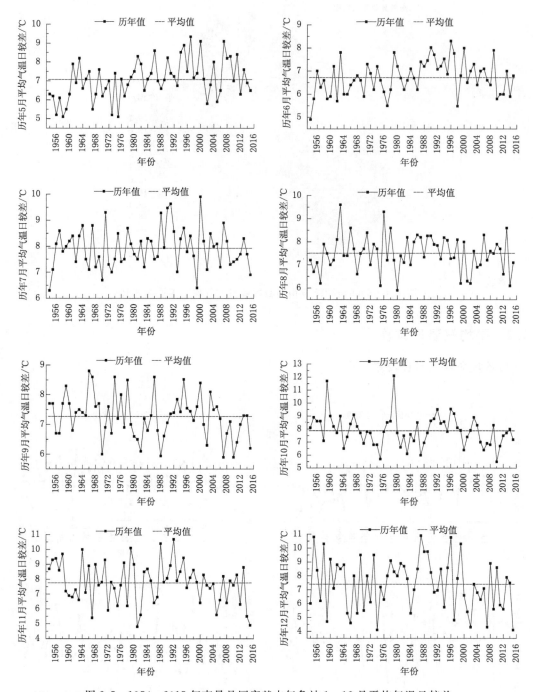

图 2.5　1954—2015 年南昌县国家基本气象站 1—12 月平均气温日较差

（2）年平均气温日较差

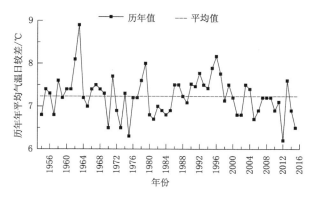

图 2.6　1954—2015 年南昌县国家基本气象站年平均气温日较差

（3）平均气温年较差

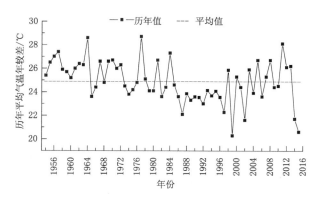

图 2.7　1954—2015 年南昌县国家基本气象站平均气温年较差

2.1.3　最高气温

（1）各月平均最高气温

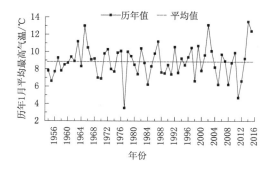
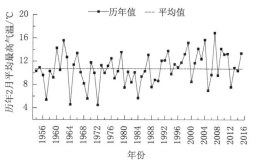

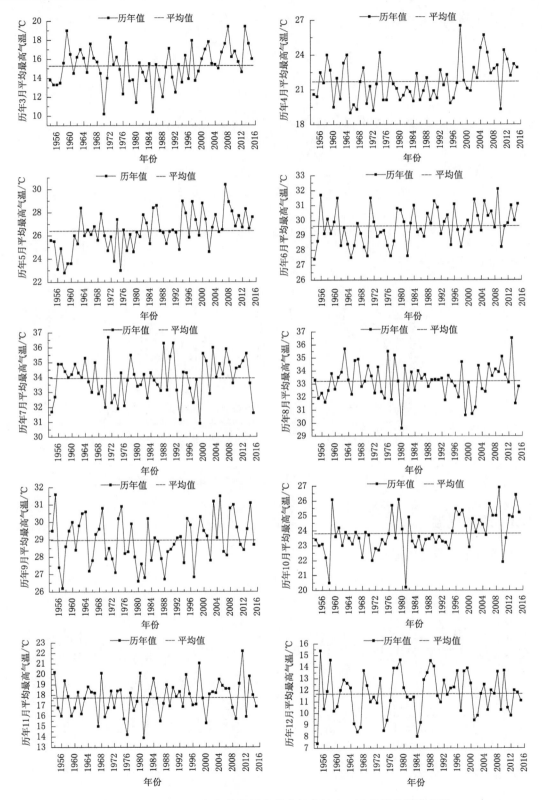

图 2.8　1954—2015 年南昌县国家基本气象站 1—12 月平均最高气温

（2）年平均最高气温

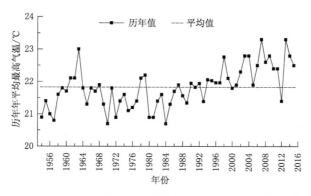

图 2.9　1954—2015 年南昌县国家基本气象站年平均最高气温

（3）各月各级日最高气温日数

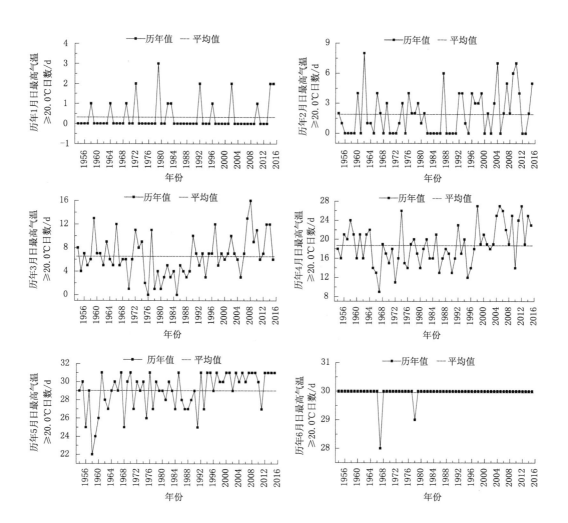

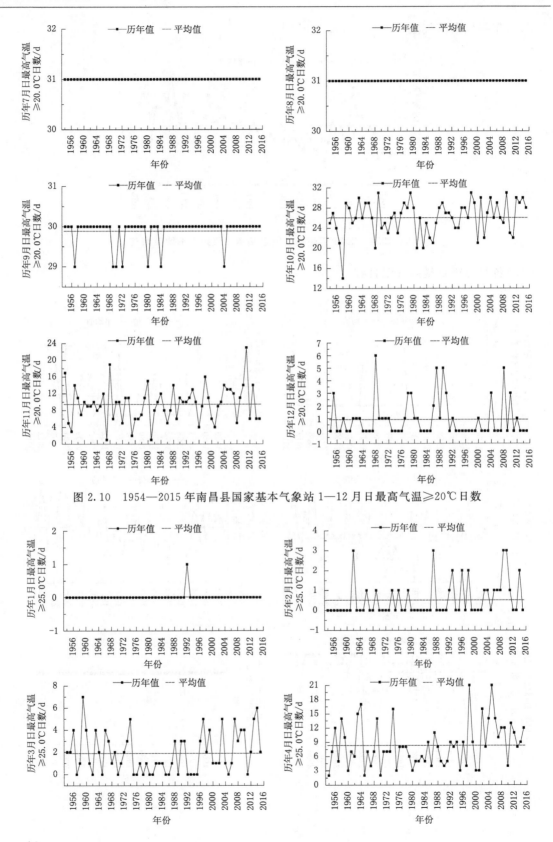

图 2.10　1954—2015 年南昌县国家基本气象站 1—12 月日最高气温≥20℃日数

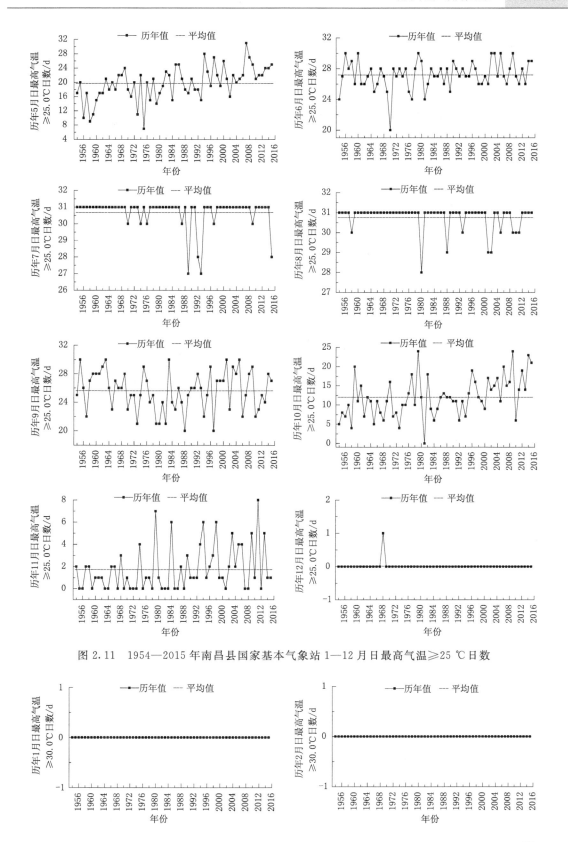

图 2.11　1954—2015 年南昌县国家基本气象站 1—12 月日最高气温≥25 ℃日数

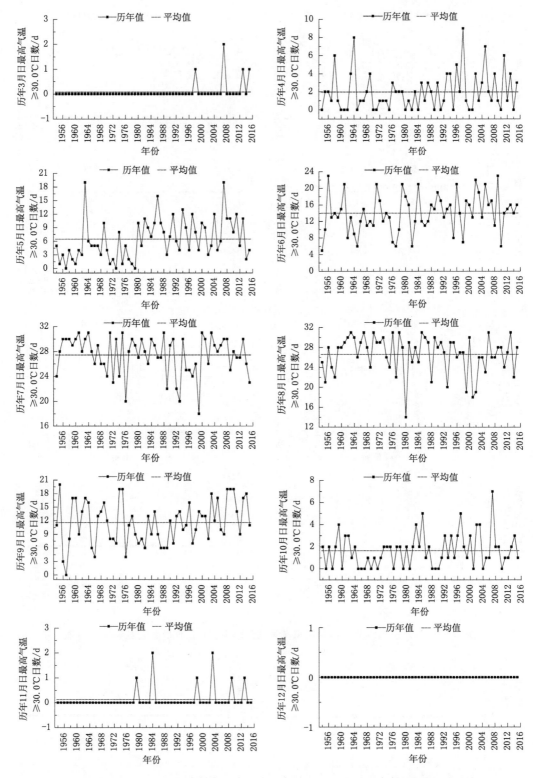

图 2.12　1954—2015 年南昌县国家基本气象站 1—12 月日最高气温≥30 ℃日数

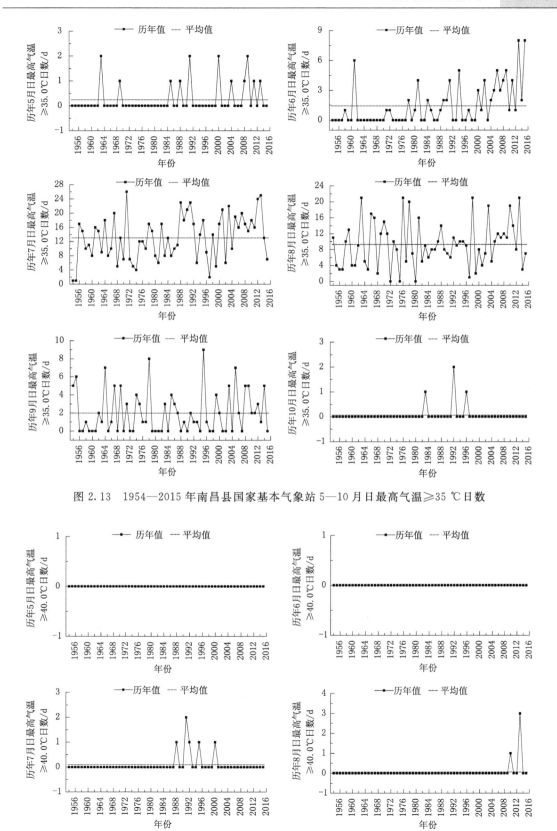

图 2.13　1954—2015 年南昌县国家基本气象站 5—10 月日最高气温≥35 ℃日数

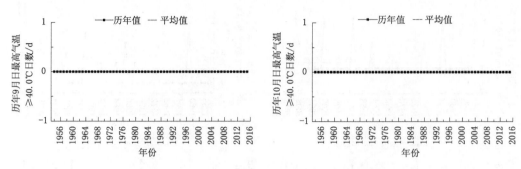

图 2.14　1954—2015 年南昌县国家基本气象站 5—10 月日最高气温≥40 ℃日数

(4)年各级日最高气温日数

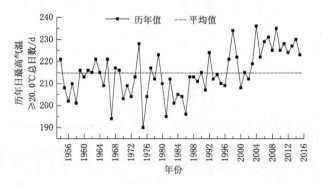

图 2.15　1954—2015 年南昌县国家基本气象站年日最高气温≥20 ℃总日数

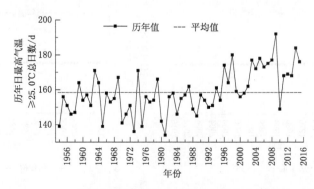

图 2.16　1954—2015 年南昌县国家基本气象站年日最高气温≥25 ℃总日数

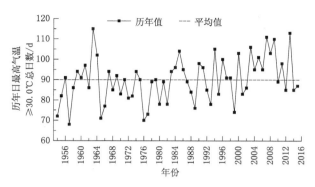

图 2.17　1954—2015 年南昌县国家基本气象站年日最高气温≥30 ℃总日数

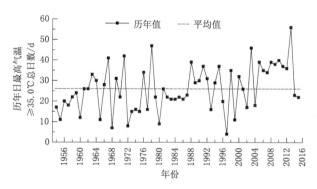

图 2.18　1954—2015 年南昌县国家基本气象站年日最高气温≥35 ℃总日数

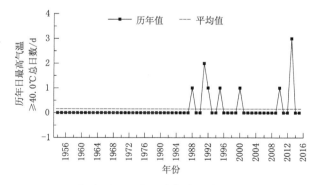

图 2.19　1954—2015 年南昌县国家基本气象站年日最高气温≥40 ℃总日数

（5）区域自动气象站各月各级日最高气温日数

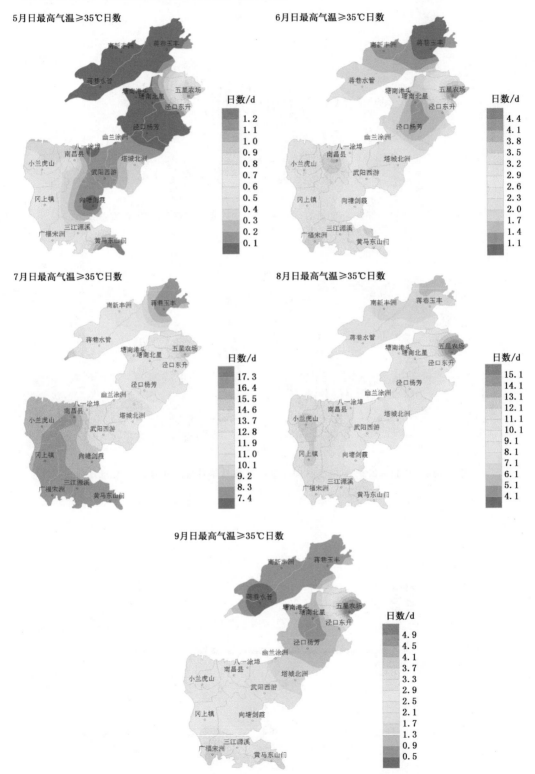

图 2.20　2006—2015 年南昌县区域自动气象站 5—9 月日最高气温≥35 ℃的日数

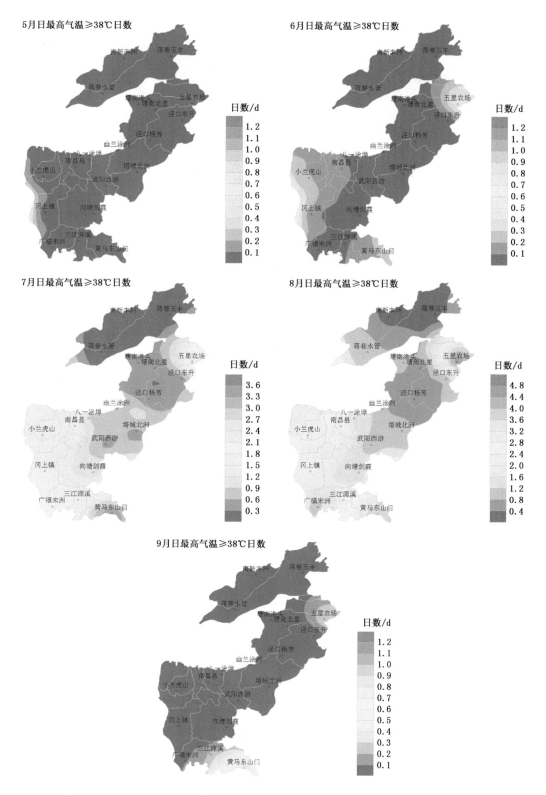

图 2.21　2006—2015 年南昌县区域自动气象站 5—9 月日最高气温≥38 ℃的日数

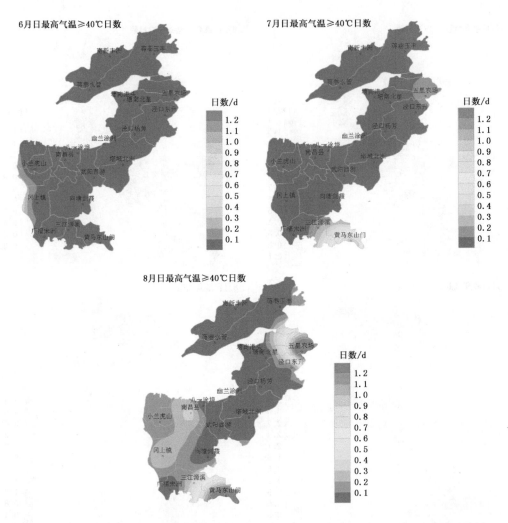

图 2.22 2006—2015 年南昌县区域自动气象站 6—8 月日最高气温≥40 ℃的日数

（6）区域自动气象站年各级日最高气温日数

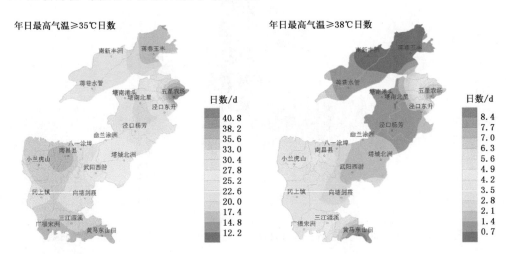

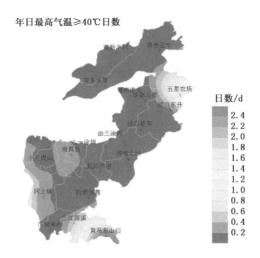

图 2.23 2006—2015 年南昌县区域自动气象站年各级日最高气温日数

（7）累年各月日最高气温概率界限值

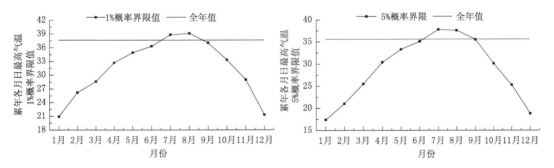

图 2.24 1954—2015 年南昌县国家基本气象站累年各月日最高气温概率界限值

2.1.4 最低气温

（1）各月平均最低气温

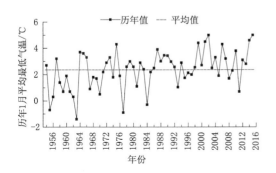

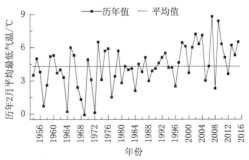

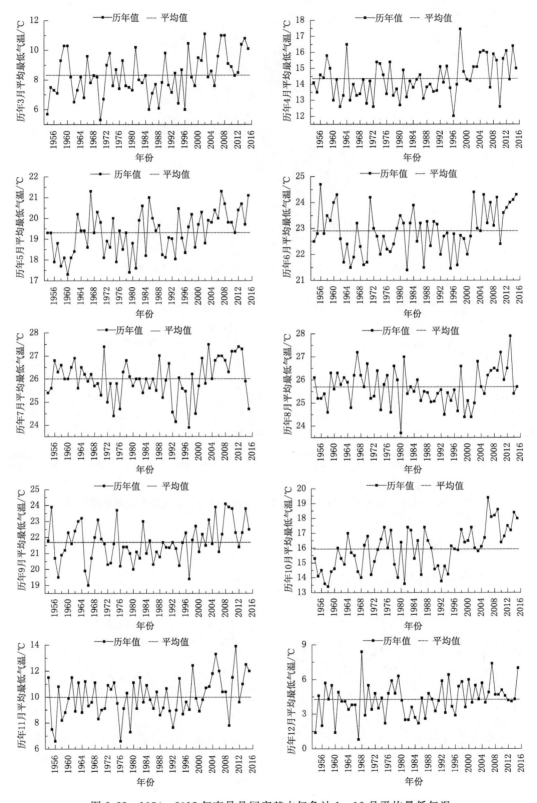

图 2.25　1954—2015 年南昌县国家基本气象站 1—12 月平均最低气温

（2）年平均最低气温

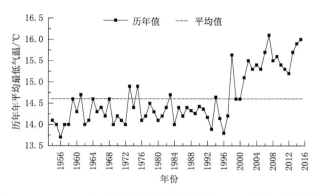

图 2.26　1954—2015 年南昌县国家基本气象站 1—12 月年平均最低气温

（3）各月各级日最低气温日数

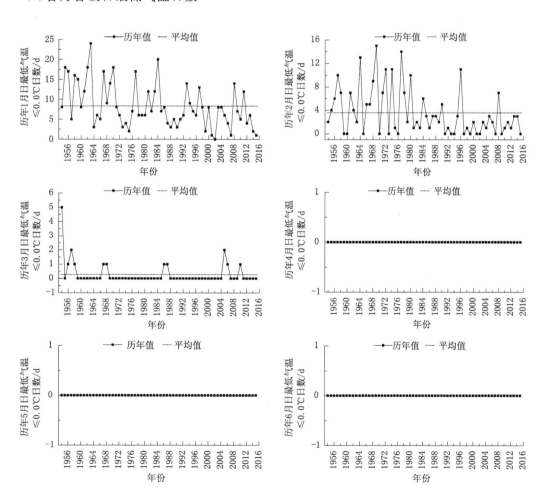

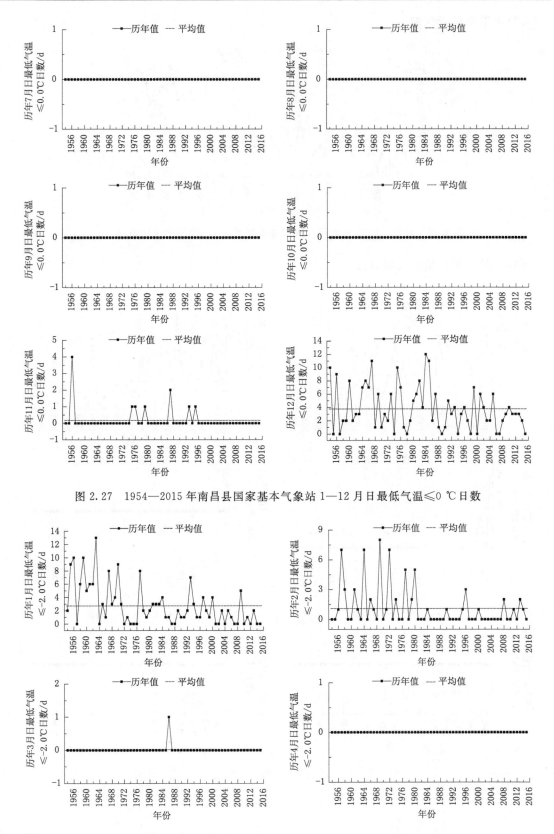

图 2.27 1954—2015 年南昌县国家基本气象站 1—12 月日最低气温≤0 ℃日数

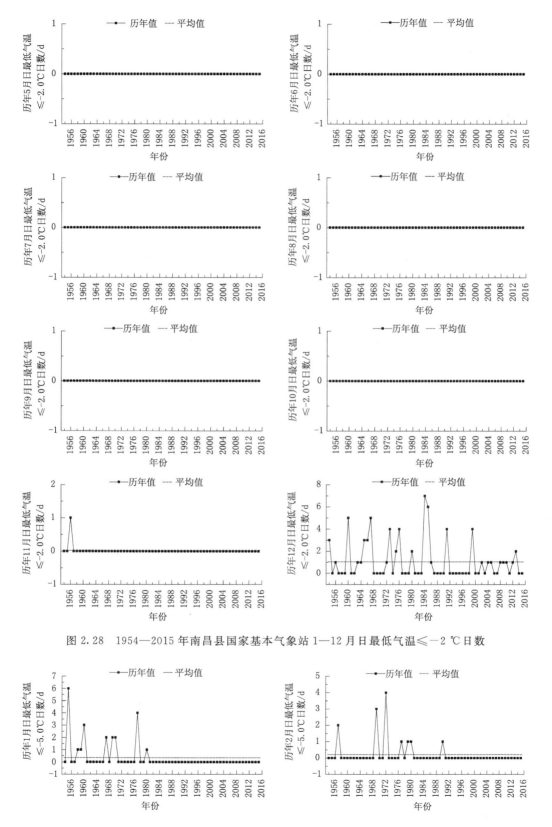

图 2.28　1954—2015 年南昌县国家基本气象站 1—12 月日最低气温≤−2 ℃日数

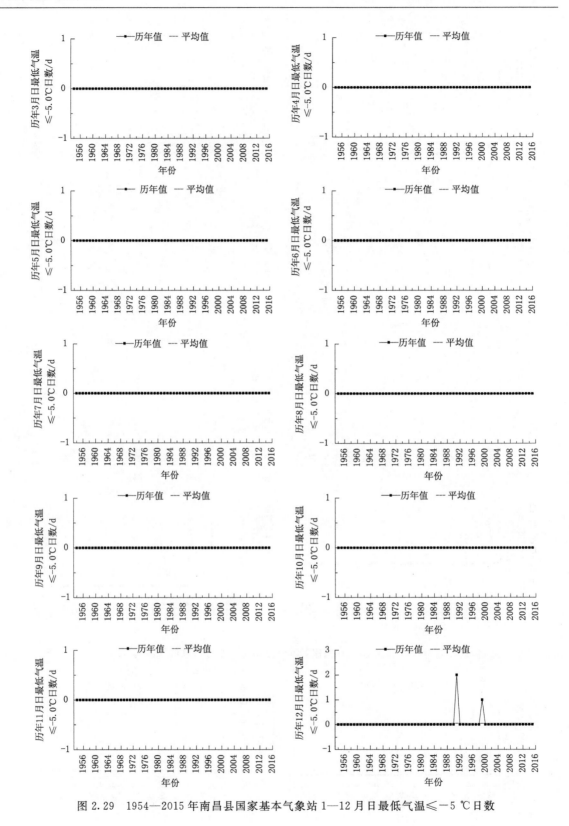

图 2.29　1954—2015 年南昌县国家基本气象站 1—12 月日最低气温≤−5 ℃日数

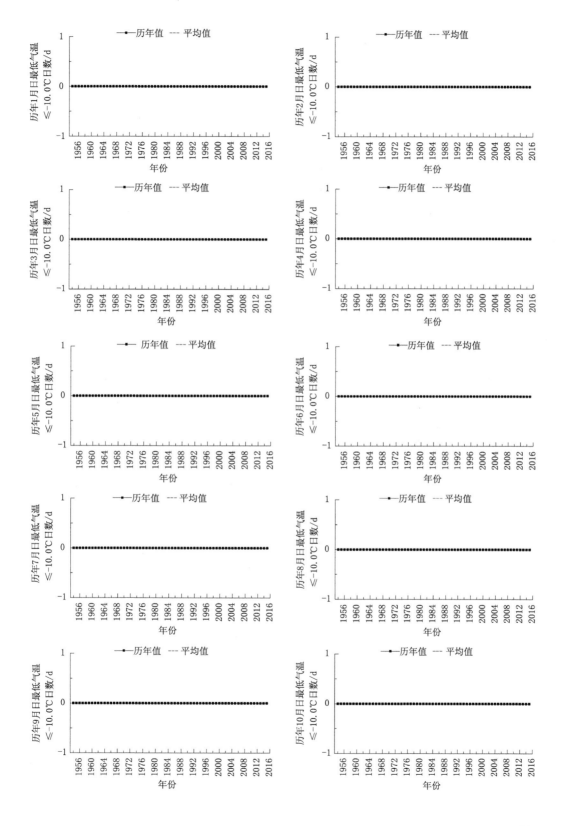

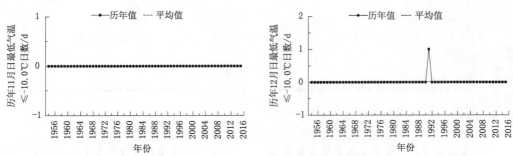

图 2.30　1954—2015 年南昌县国家基本气象站 1—12 月日最低气温≤−10 ℃日数

(4)年各级日最低气温日数

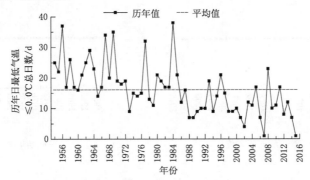

图 2.31　1954—2015 年南昌县国家基本气象站年日最低气温≤0℃总日数日数

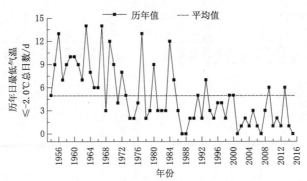

图 2.32　1954—2015 年南昌县国家基本气象站年日最低气温≤−2 ℃总日数日数

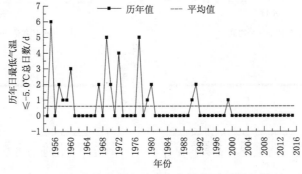

图 2.33　1954—2015 年南昌县国家基本气象站年日最低气温≤−5 ℃总日数

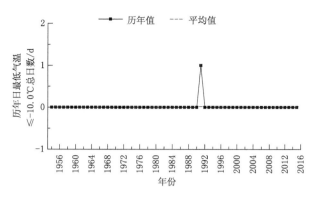

图 2.34　1954—2015 年南昌县国家基本气象站年日最低气温≤−10 ℃总日数

（5）区域自动气象站各月日最低气温≤0 ℃日数

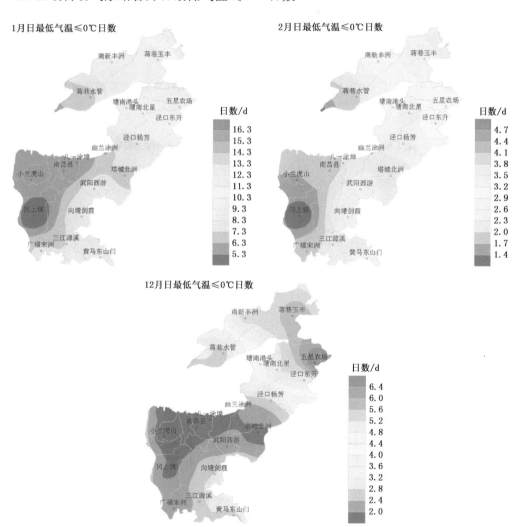

图 2.35　2006—2015 年南昌县区域自动气象站 1—2 月和 12 月日最低气温≤0 ℃的日数

（6）区域自动气象站年日最低气温≤0 ℃日数

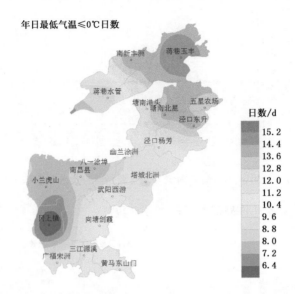

图 2.36 2006—2015 年南昌县区域自动气象站年日最低气温≤0 ℃的日数

（7）累年各月日最低气温概率界限值

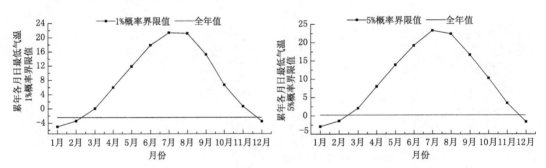

图 2.37 1954—2015 年南昌县国家基本气象站累年各月日最低气温概率界限值

2.1.5 极端最高气温

（1）各月极端最高气温

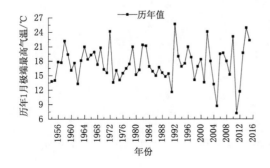

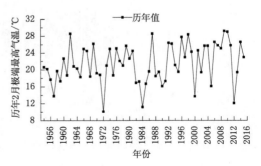

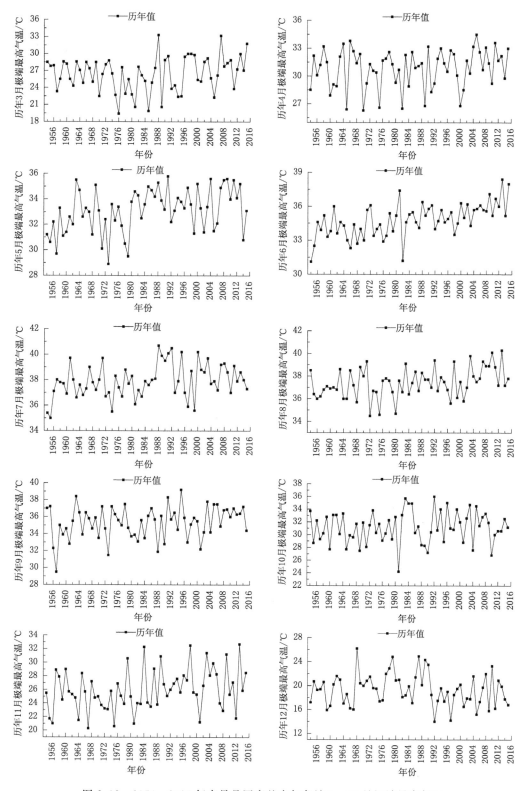

图 2.38　1954—2015 年南昌县国家基本气象站 1—12 月极端最高气温

（2）年极端最高气温

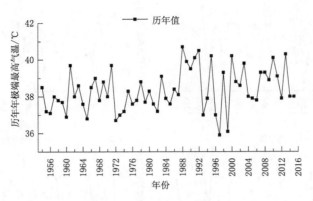

图 2.39　1954—2015 年南昌县国家基本气象站年极端最高气温

（3）各月极端最高气温出现日期

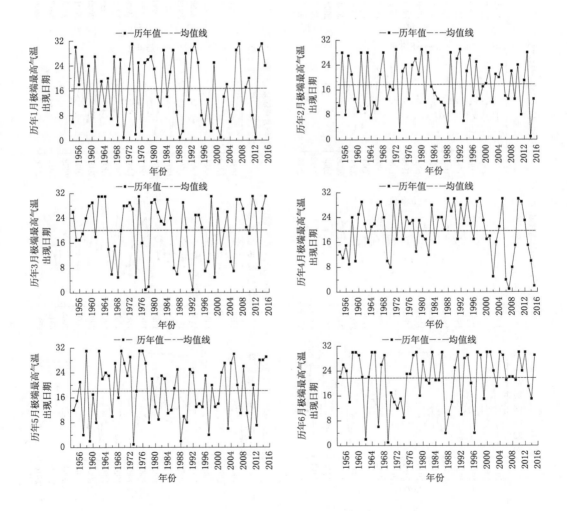

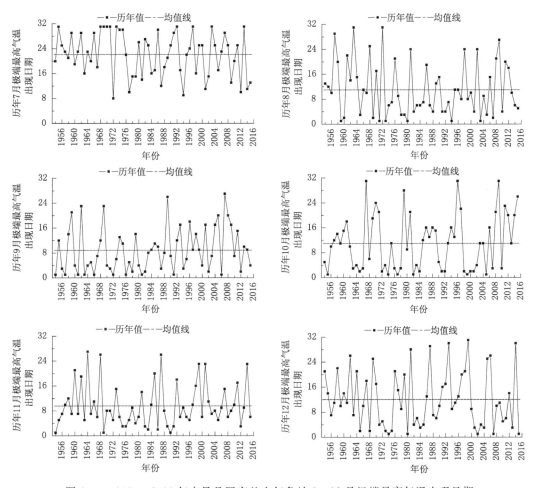

图 2.40　1954—2015 年南昌县国家基本气象站 1—12 月极端最高气温出现日期

（4）年极端最高气温出现日期

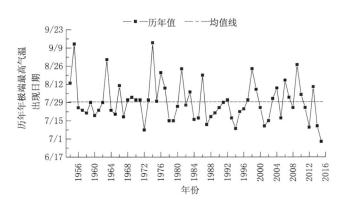

图 2.41　1954—2015 年南昌县国家基本气象站年极端最高气温出现日期

（5）区域自动气象站月极端最高气温

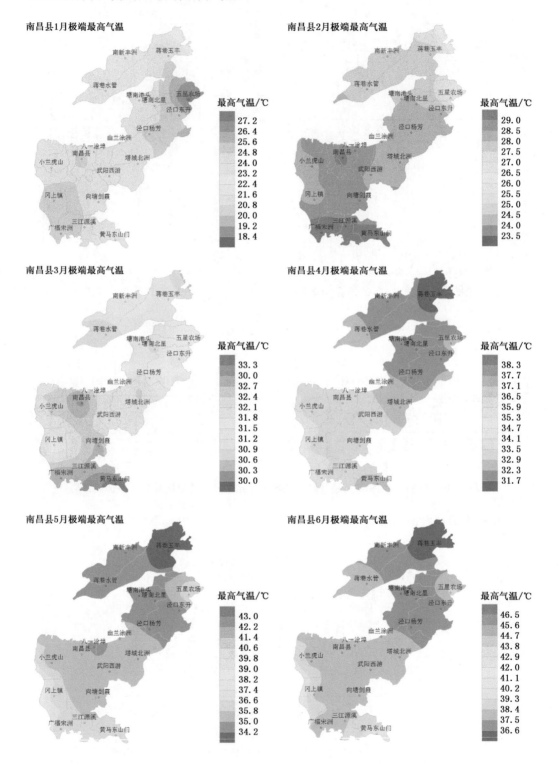

南昌县1月极端最高气温

南昌县2月极端最高气温

南昌县3月极端最高气温

南昌县4月极端最高气温

南昌县5月极端最高气温

南昌县6月极端最高气温

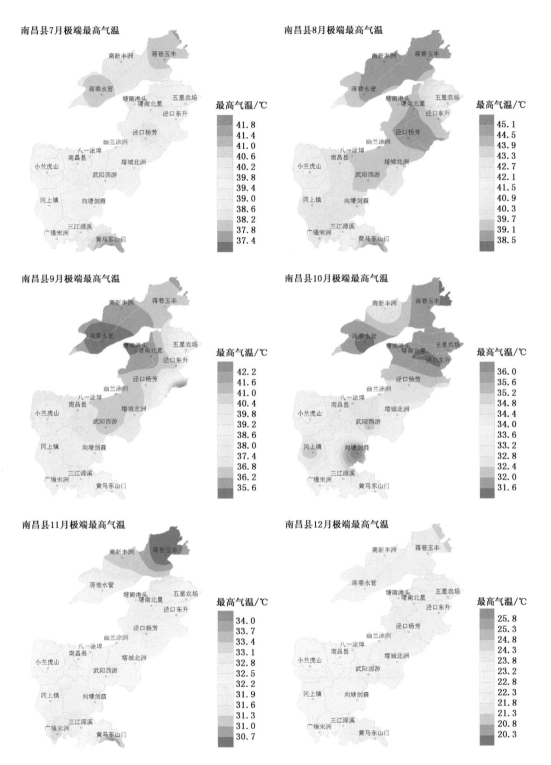

图 2.42　区域站 2006—2015 年南昌县区域自动气象站 1—12 月极端最高气温

（6）区域自动气象站年极端最高气温

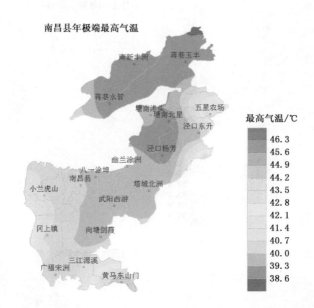

图 2.43　2006—2015 年南昌县区域自动气象站年极端最高气温

2.1.6　极端最低气温

（1）各月极端最低气温

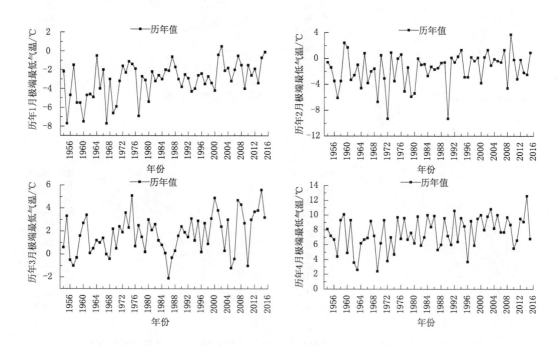

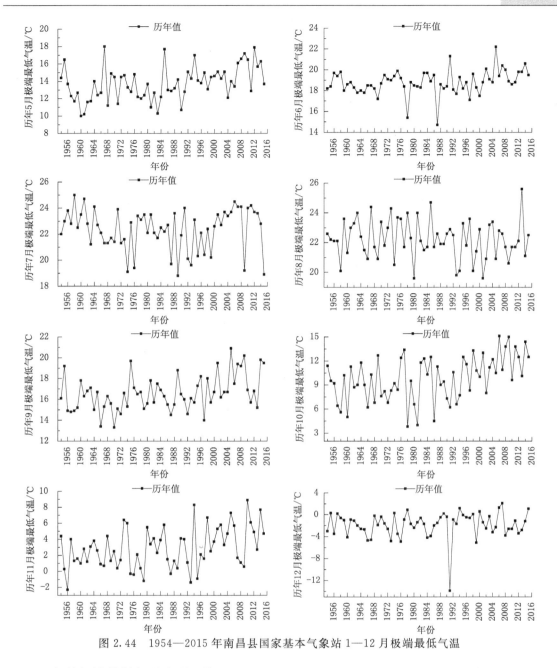

图 2.44　1954—2015 年南昌县国家基本气象站 1—12 月极端最低气温

（2）各月极端最低气温出现日期

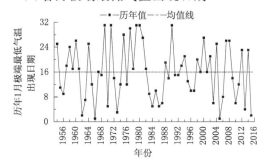

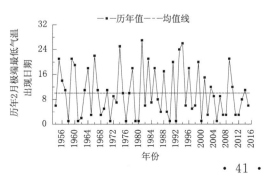

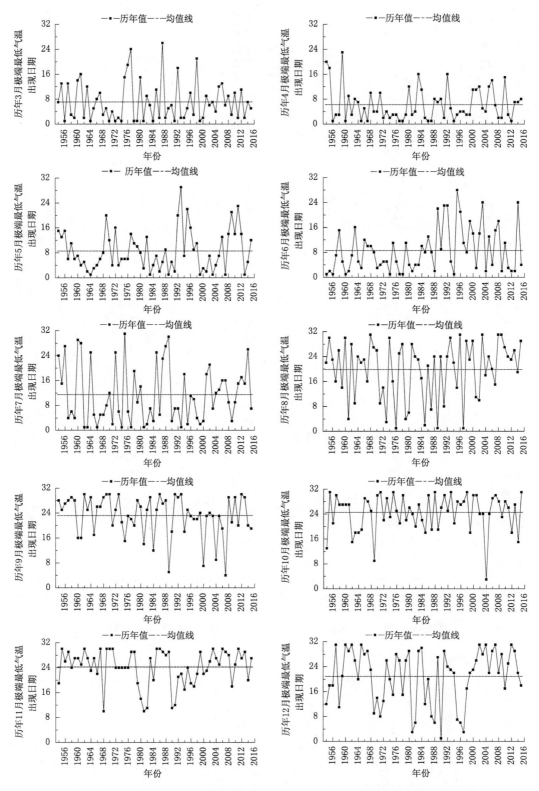

图 2.45　1954—2015 年南昌县国家基本气象站 1—12 月极端最低气温出现日期

（3）年极端最低气温

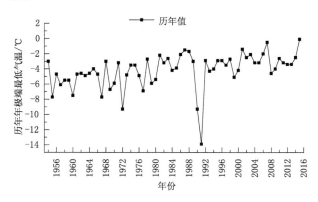

图2.46 1954—2015年南昌县国家基本气象站年极端最低气温

（4）年极端最低气温出现日期

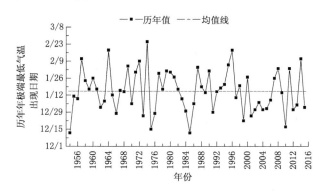

图2.47 1954—2015年南昌县国家基本气象站年极端最低气温出现日期

（5）区域自动气象站月极端最低气温

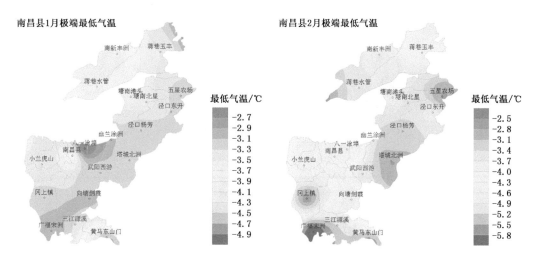

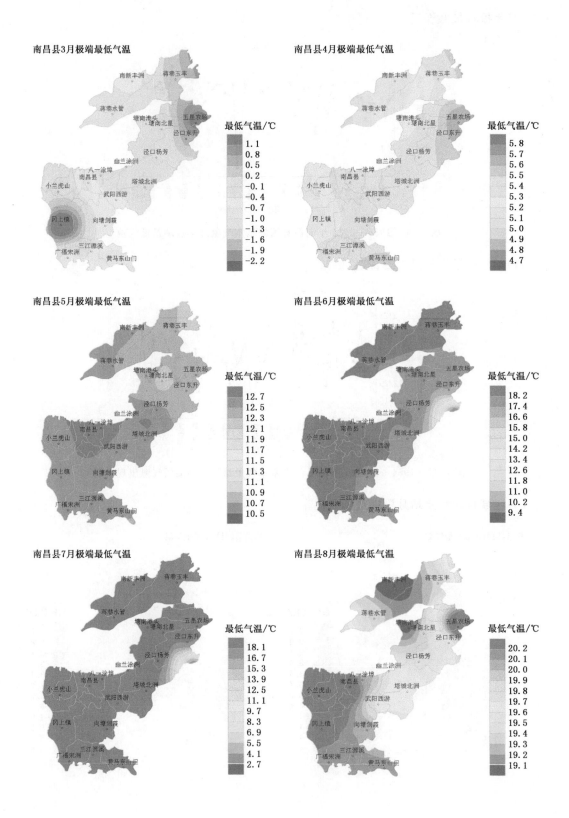

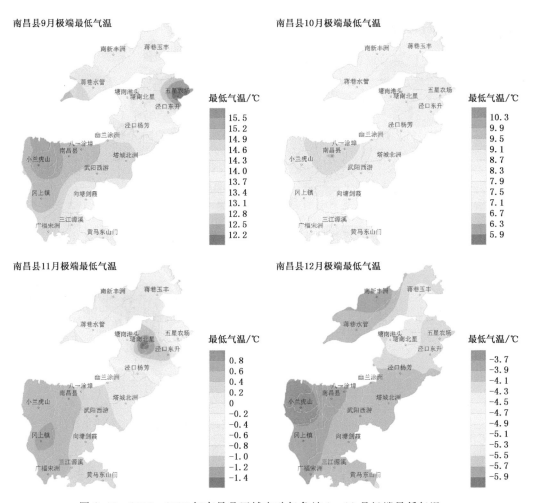

图 2.48　2006—2015 年南昌县区域自动气象站 1—12 月极端最低气温

（6）区域自动气象站年极端最低气温

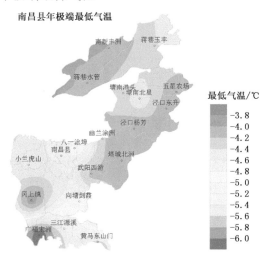

图 2.49　2006—2015 年南昌县区域自动气象站年极端最低气温

2.1.7 积温与界限温度

(1)日平均气温稳定通过各级界限温度起止日期

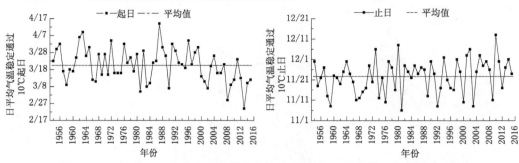

图 2.50　1954—2015 年南昌县日平均温度稳定通过 10 ℃起始日期和终止日期

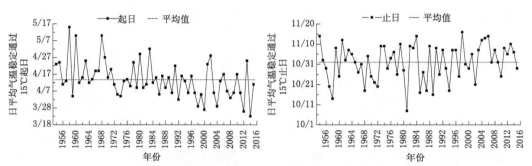

图 2.51　1954—2015 年南昌县日平均温度稳定通过 15 ℃起始日期和终止日期

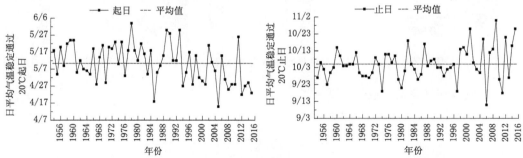

图 2.52　1954—2015 年南昌县日平均温度稳定通过 20 ℃起始日期和终止日期

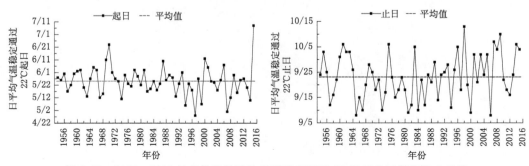

图 2.53　1954—2015 年南昌县日平均温度稳定通过 22 ℃起始日期和终止日期

（2）日平均气温稳定通过各级界限温度有关统计值

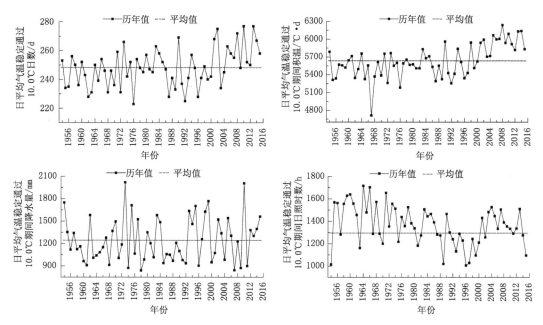

图 2.54　1954—2015 年南昌县日平均气温稳定通过 10 ℃有关统计值

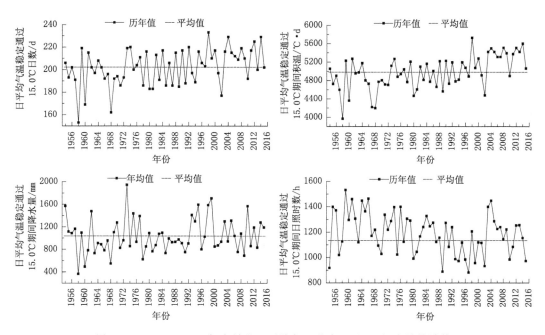

图 2.55　1954—2015 年南昌县日平均气温稳定通过 15 ℃有关统计值

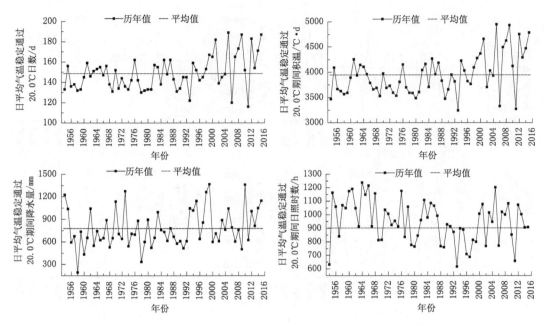

图 2.56　1954—2015 年南昌县日平均气温稳定通过 20 ℃有关统计值

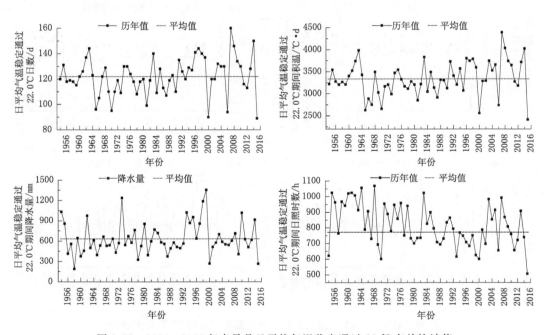

图 2.57　1954—2015 年南昌县日平均气温稳定通过 22 ℃有关统计值

（3）四季起始期及日数

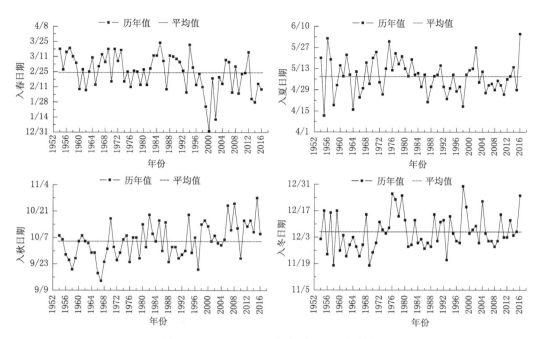

图 2.58　1954—2015 年南昌县四季起始期

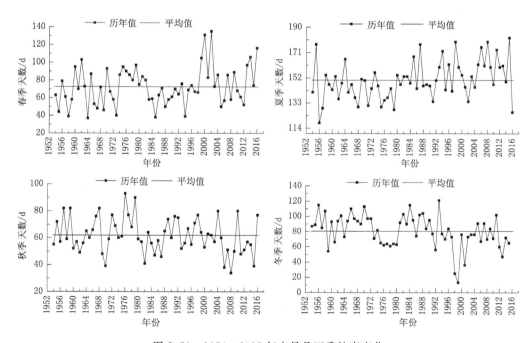

图 2.59　1954—2015 年南昌县四季长度变化

2.1.8 地温

（1）平均地面温度

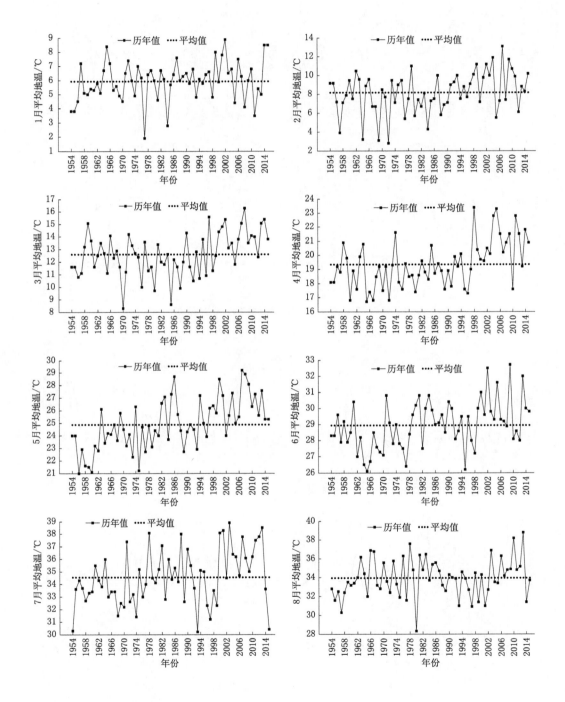

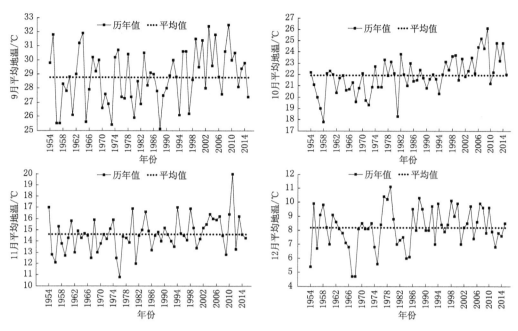

图 2.60 1954—2015 年南昌县国家基本气象站 1—12 月平均地温

（2）最高地面温度

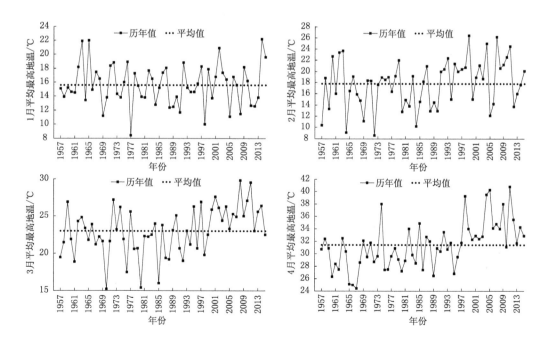

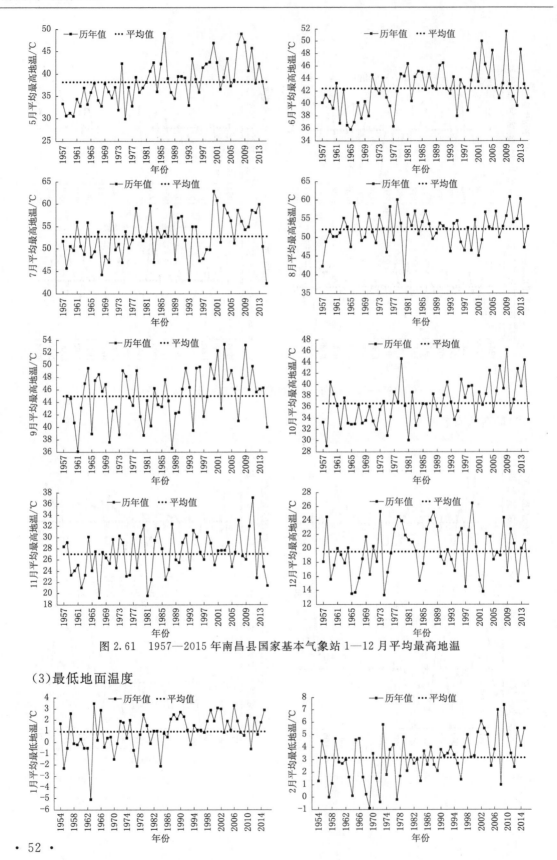

图 2.61　1957—2015 年南昌县国家基本气象站 1—12 月平均最高地温

（3）最低地面温度

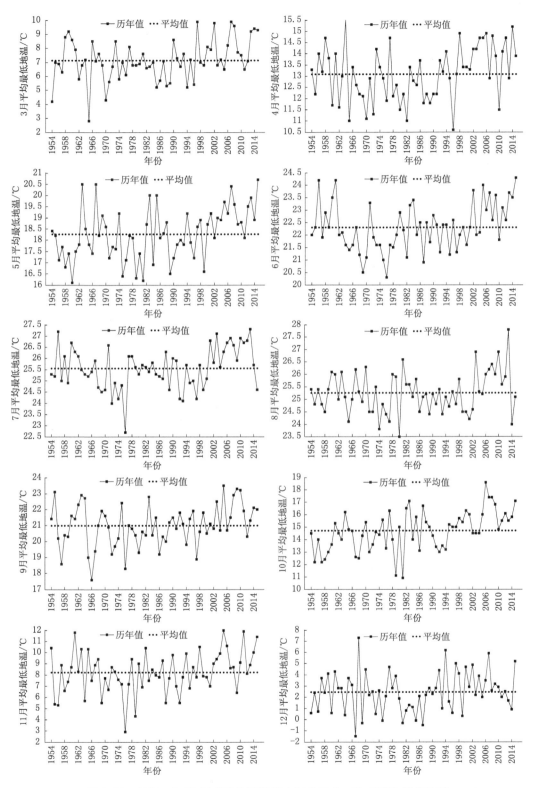

图 2.62　1954—2015 年南昌县国家基本气象站 1—12 月平均最低地温

（4）极端最高地面温度

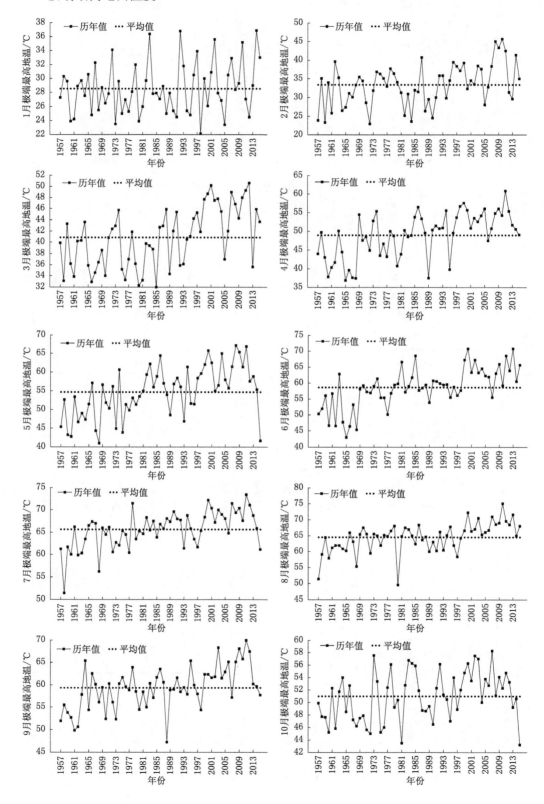

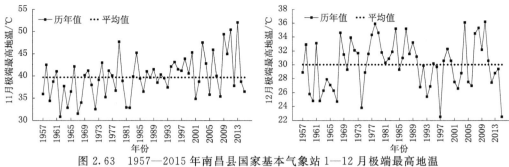

图 2.63　1957—2015 年南昌县国家基本气象站 1—12 月极端最高地温

（5）极端最低地面温度

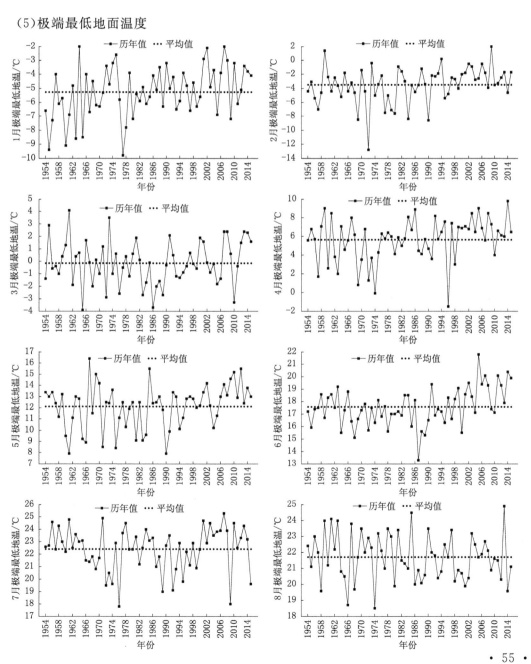

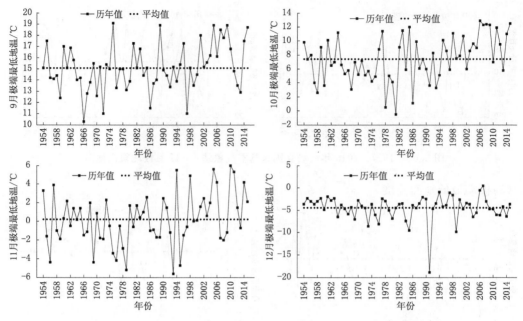

图 2.64　1954—2015 年南昌县国家基本气象站 1—12 月极端最低地温

2.2　水环境要素

2.2.1　降水量

（1）各月降水量

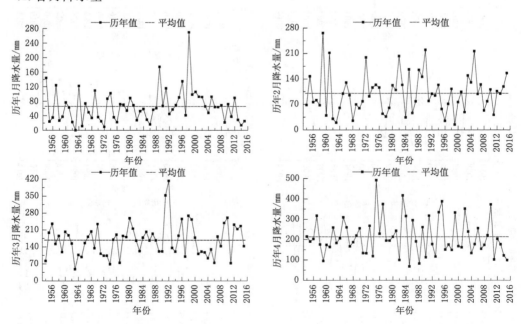

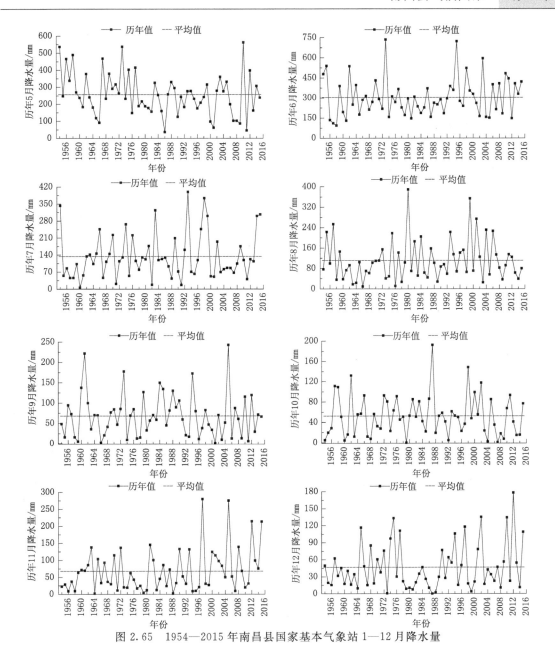

图 2.65　1954—2015 年南昌县国家基本气象站 1—12 月降水量

（2）年降水量

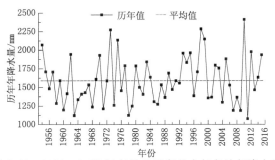

图 2.66　1954—2015 年南昌县国家基本气象站年降水量

（3）区域自动气象站各月降水量

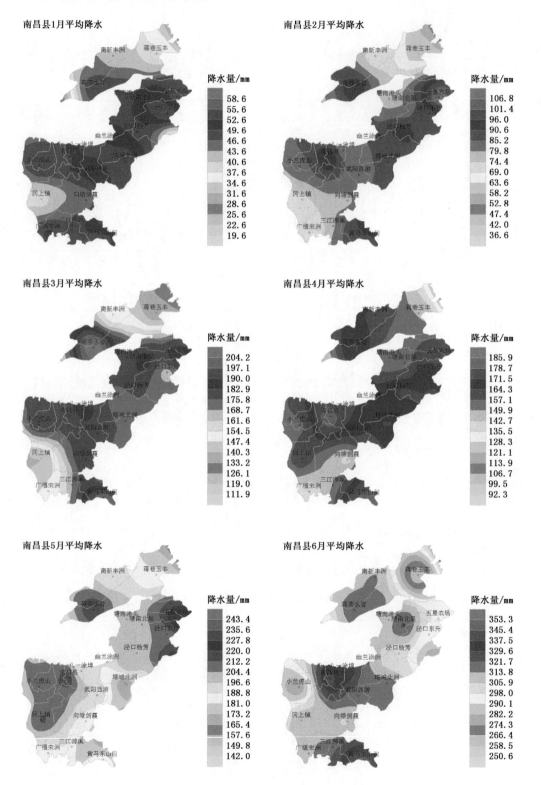

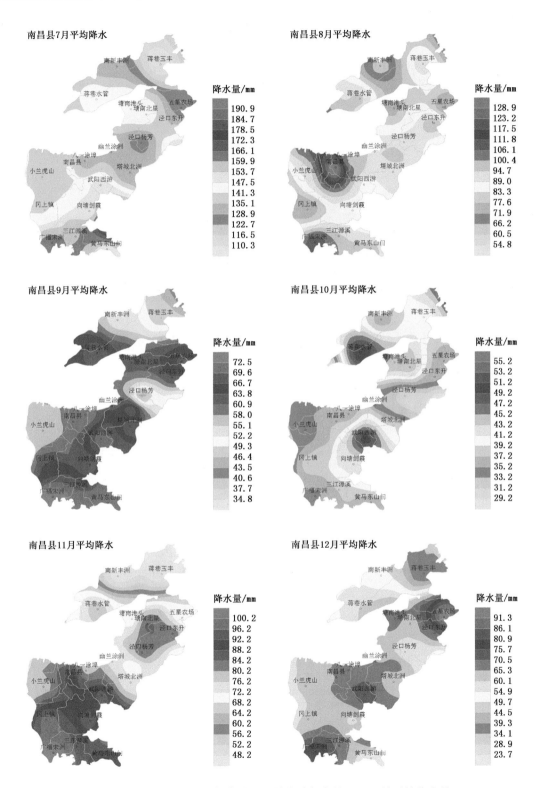

图 2.67　2006—2015 年南昌县区域自动气象站 1—12 月平均降水量

（4）区域自动气象站年平均降水量

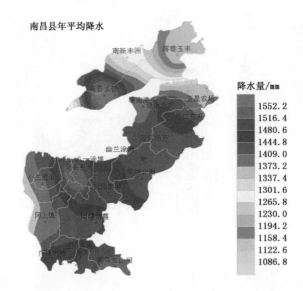

图 2.68　2006—2015 年南昌县区域自动气象站年平均降水量

2.2.2　最大日降水量

（1）各月最大日降水量

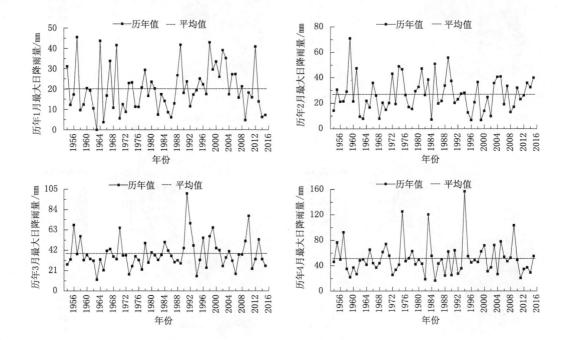

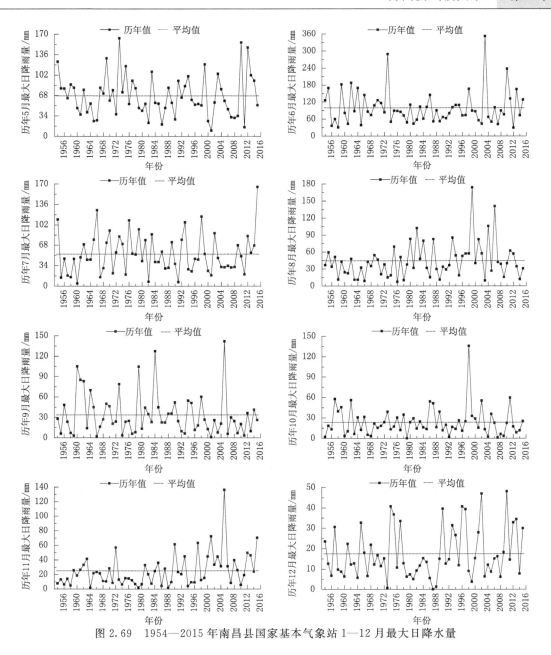

图 2.69　1954—2015 年南昌县国家基本气象站 1—12 月最大日降水量

（2）年最大日降水量

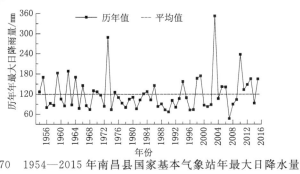

图 2.70　1954—2015 年南昌县国家基本气象站年最大日降水量

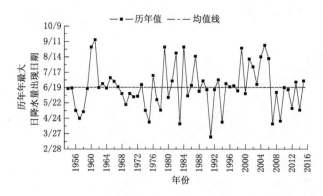

图 2.71   1954—2015 年南昌县国家基本气象站年最大日降水量出现日期

(3)区域自动气象站各月日最大降水量

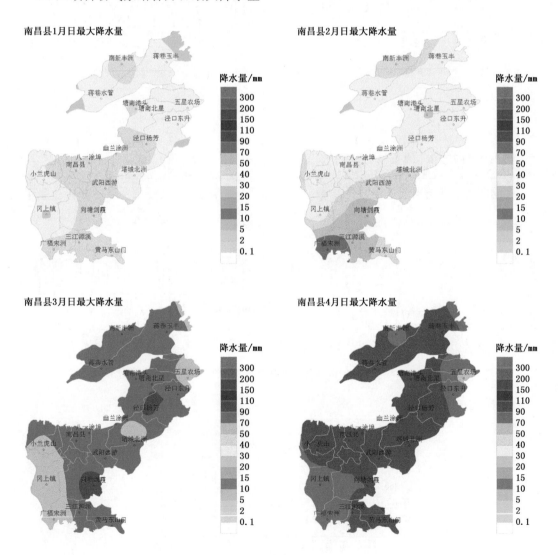

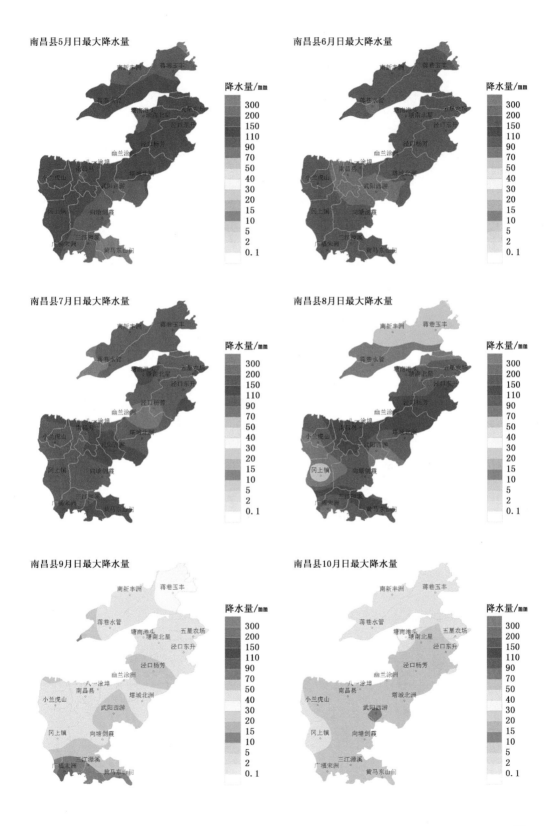

南昌县5月日最大降水量

南昌县6月日最大降水量

南昌县7月日最大降水量

南昌县8月日最大降水量

南昌县9月日最大降水量

南昌县10月日最大降水量

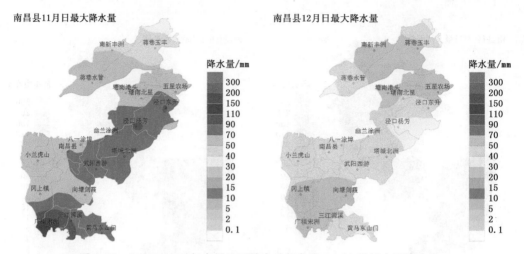

图 2.72　2006—2015 年南昌县区域自动气象站 1—12 月最大日降水量

（4）区域自动气象站年最大降水量

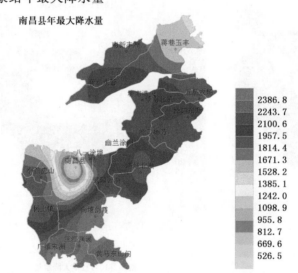

图 2.73　2006—2015 年南昌县区域自动气象站年最大降水量

2.2.3　各级日降水量日数

（1）各月各级日降水量日数

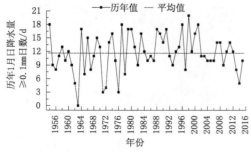

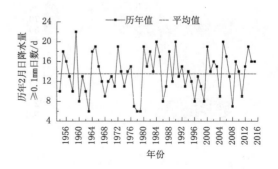

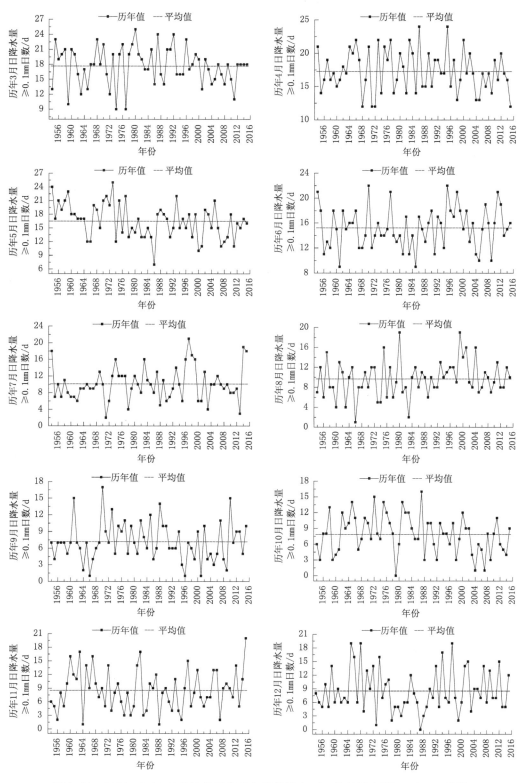

图 2.74　1954—2015 年南昌县国家基本气象站 1—12 月日降水量≥0.1 mm 日数

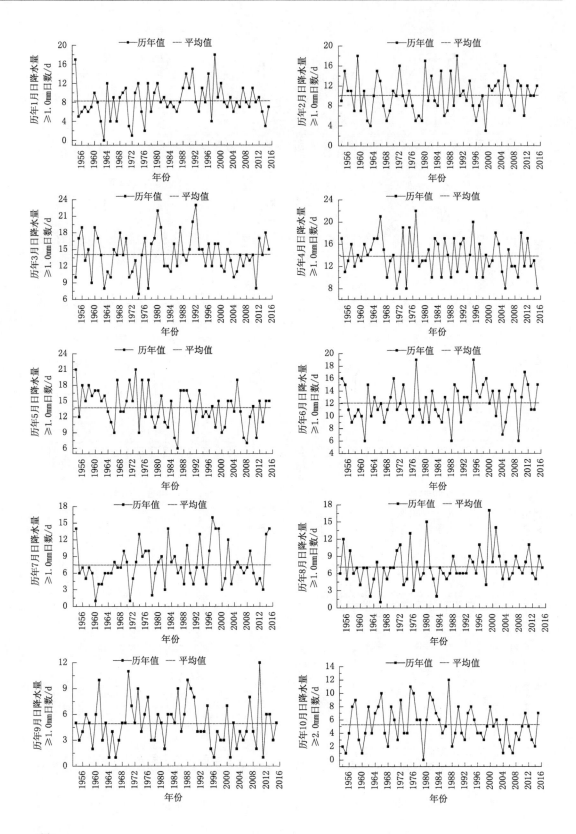

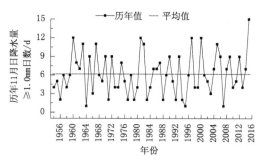
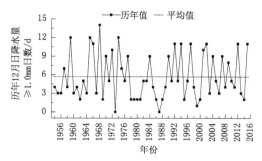

图 2.75 1954—2015 年南昌县国家基本气象站 1—12 月日降水量≥1.0 mm 日数

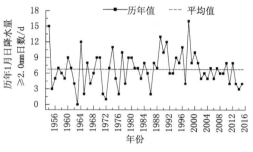
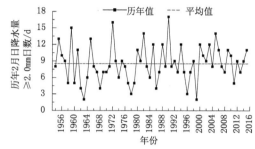

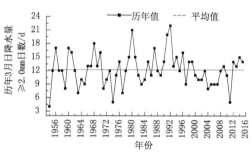
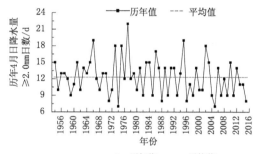

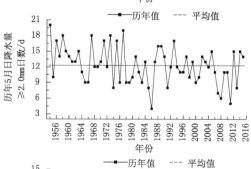
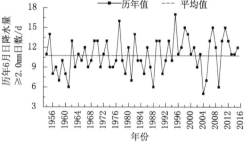

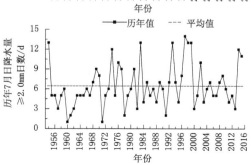
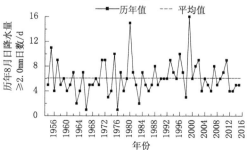

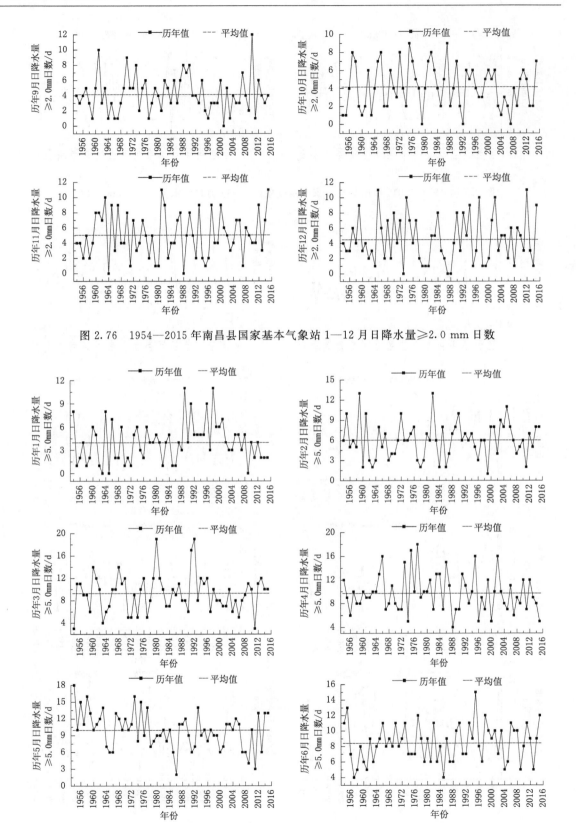

图 2.76 1954—2015 年南昌县国家基本气象站 1—12 月日降水量≥2.0 mm 日数

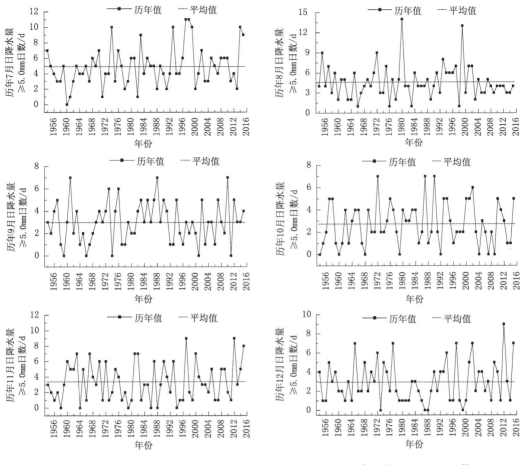

图 2.77　1954—2015 年南昌县国家基本气象站 1—12 月日降水量≥5.0 mm 日数

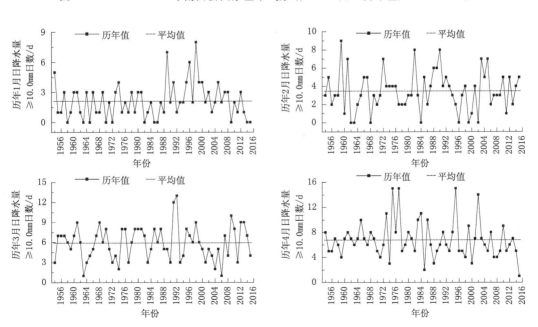

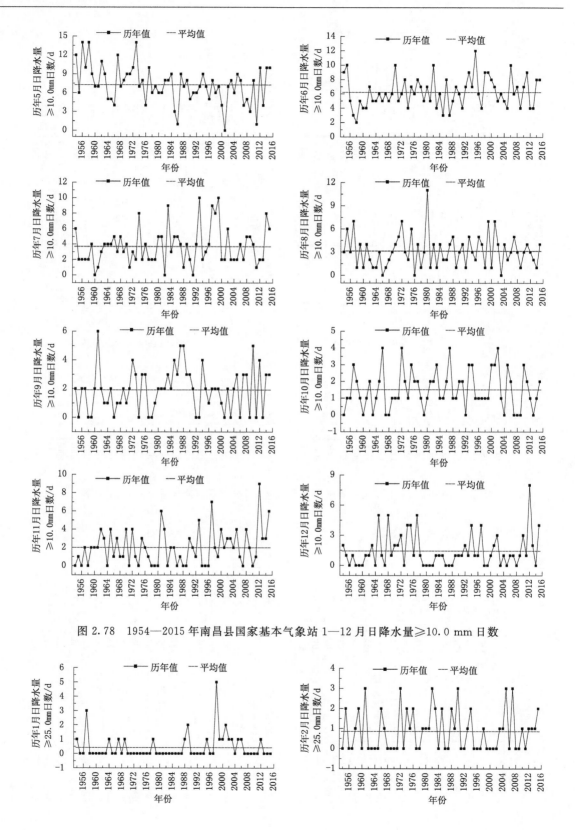

图 2.78　1954—2015 年南昌县国家基本气象站 1—12 月日降水量≥10.0 mm 日数

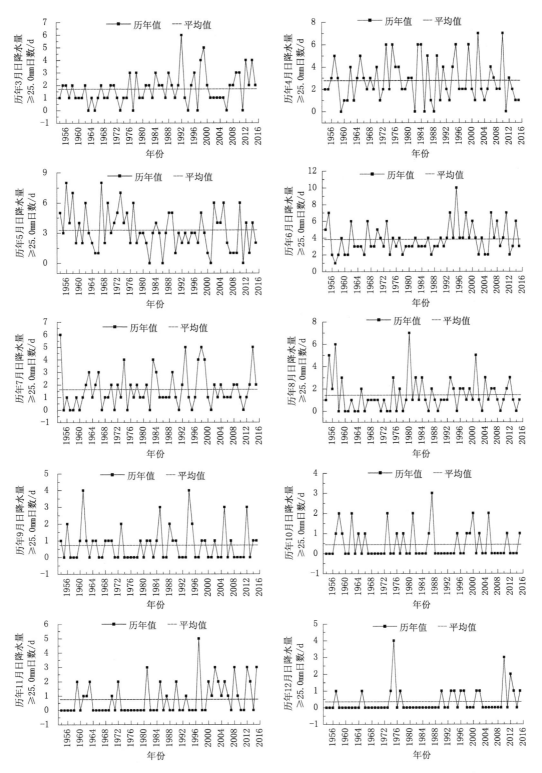

图 2.79　1954—2015 年南昌县国家基本气象站 1—12 月日降水量≥25.0 mm 日数

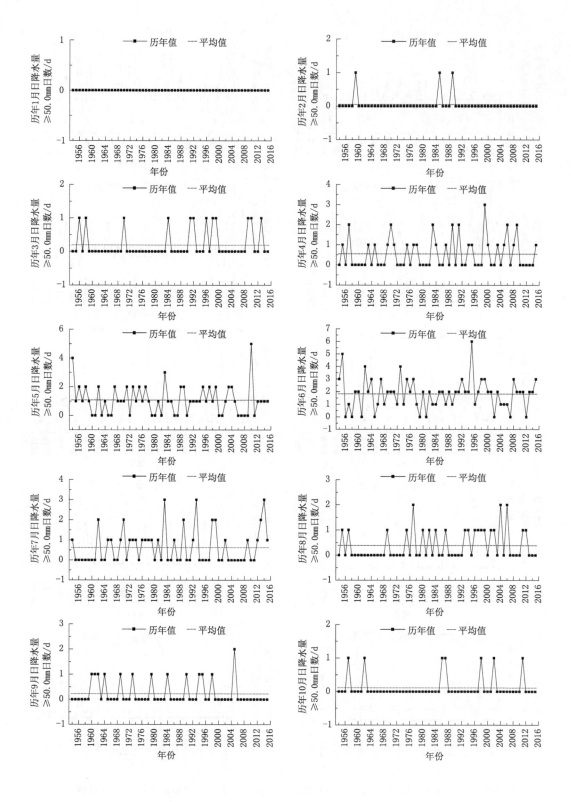

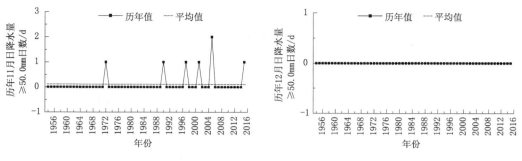

图 2.80　1954—2015 年南昌县国家基本气象站 1—12 月日降水量≥50.0 mm 日数

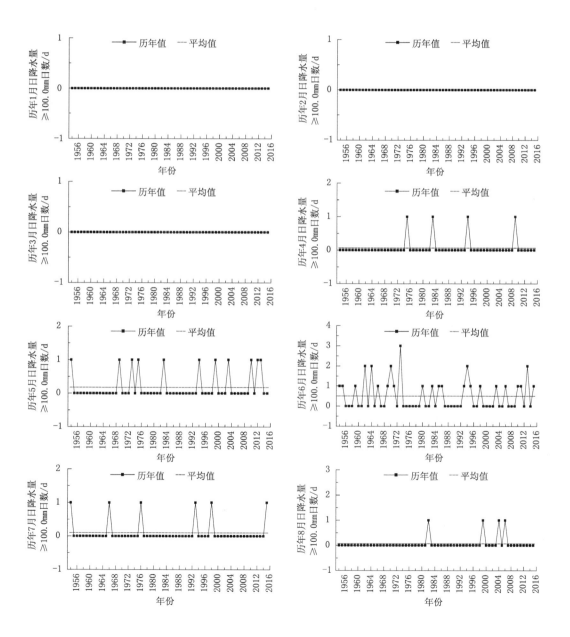

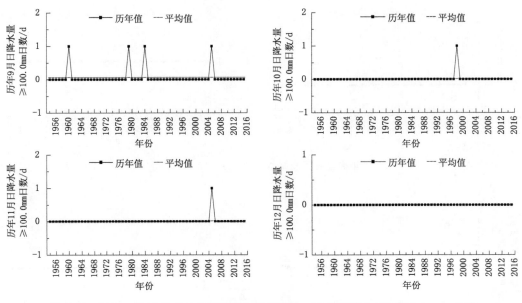

图 2.81 1954—2015 年南昌县国家基本气象站 1—12 月日降水量≥100.0 mm 日数

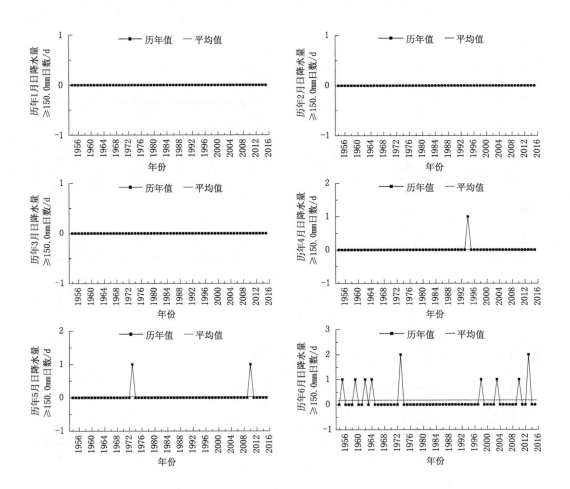

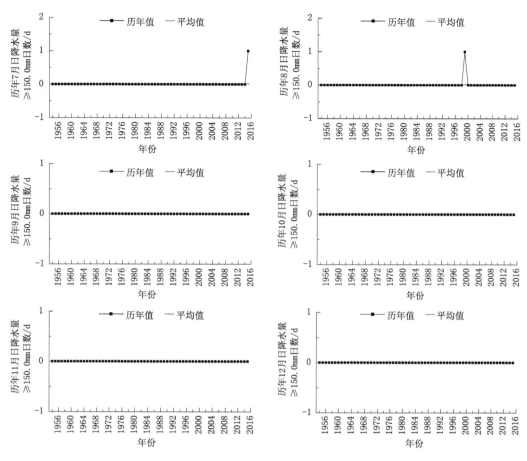

图 2.82　1954—2015 年南昌县国家基本气象站 1—12 月日降水量≥150.0 mm 日数

(2)年各级日降水量日数

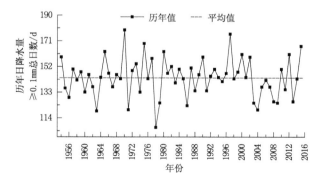

图 2.83　1954—2015 年南昌县国家基本气象站年日降水量≥0.1 mm 日数

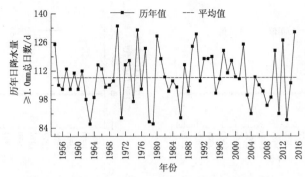

图 2.84　1954—2015 年南昌县国家基本气象站年日降水量≥1.0 mm 日数

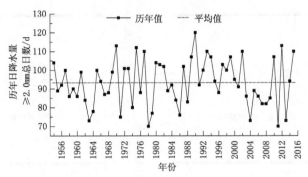

图 2.85　1954—2015 年南昌县国家基本气象站年日降水量≥2.0 mm 日数

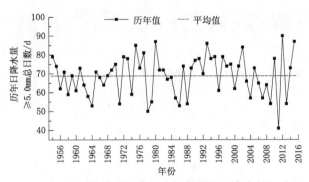

图 2.86　1954—2015 年南昌县国家基本气象站年日降水量≥5.0 mm 日数

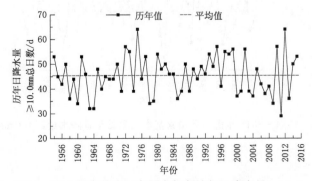

图 2.87　1954—2015 年南昌县国家基本气象站年日降水量≥10.0 mm 日数

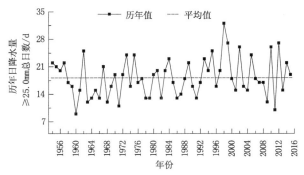

图 2.88　1954—2015 年南昌县国家基本气象站年日降水量≥25.0 mm 日数

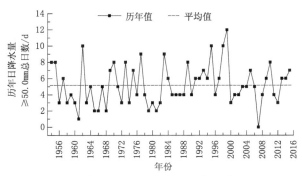

图 2.89　1954—2015 年南昌县国家基本气象站年日降水量≥50.0 mm 日数

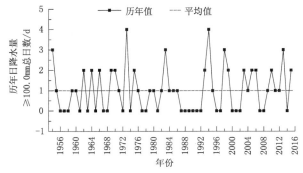

图 2.90　1954—2015 年南昌县国家基本气象站年日降水量≥100.0 mm 日数

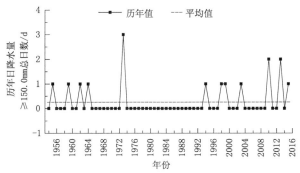

图 2.91　1954—2015 年南昌县国家基本气象站年日降水量≥150.0 mm 日数

（3）区域自动气象站各月各级日降水量日数

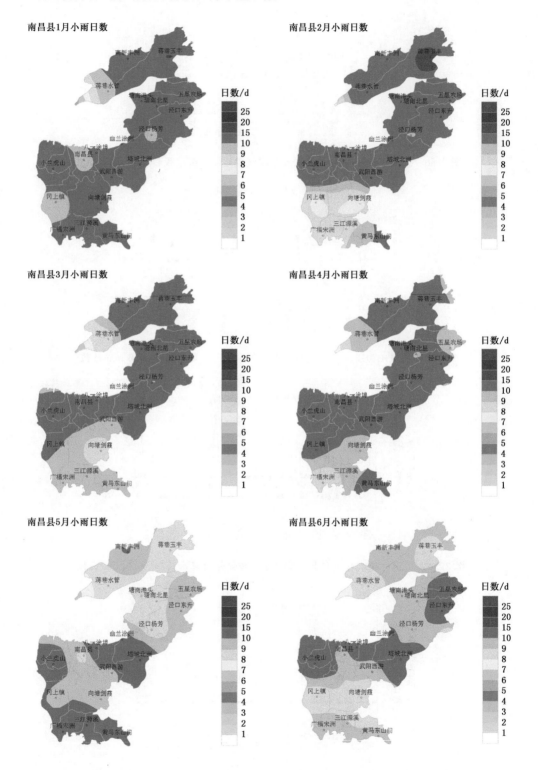

南昌县1月小雨日数

南昌县2月小雨日数

南昌县3月小雨日数

南昌县4月小雨日数

南昌县5月小雨日数

南昌县6月小雨日数

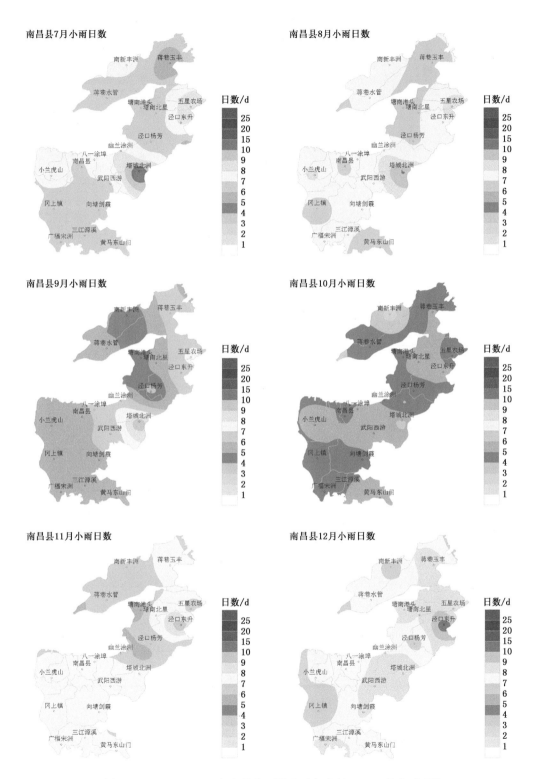

图 2.92　2006—2015 年南昌县区域自动气象站 1—12 月小雨日数

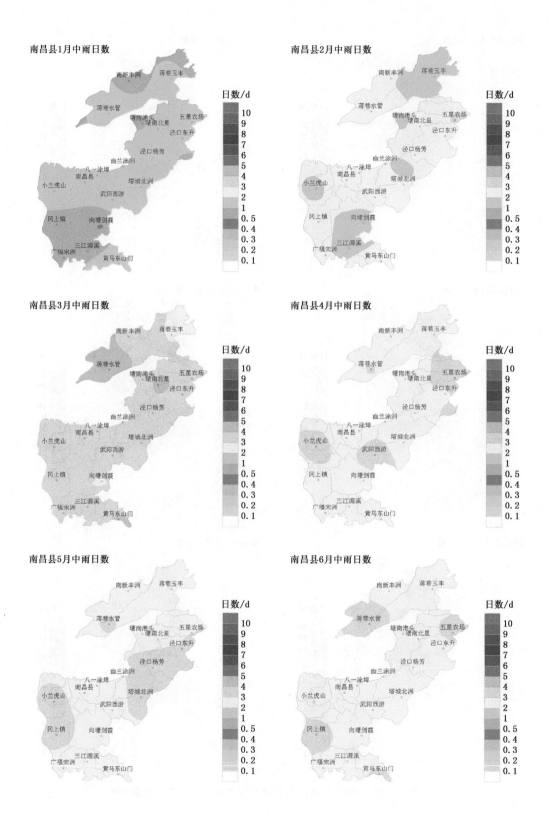

南昌县1月中雨日数

南昌县2月中雨日数

南昌县3月中雨日数

南昌县4月中雨日数

南昌县5月中雨日数

南昌县6月中雨日数

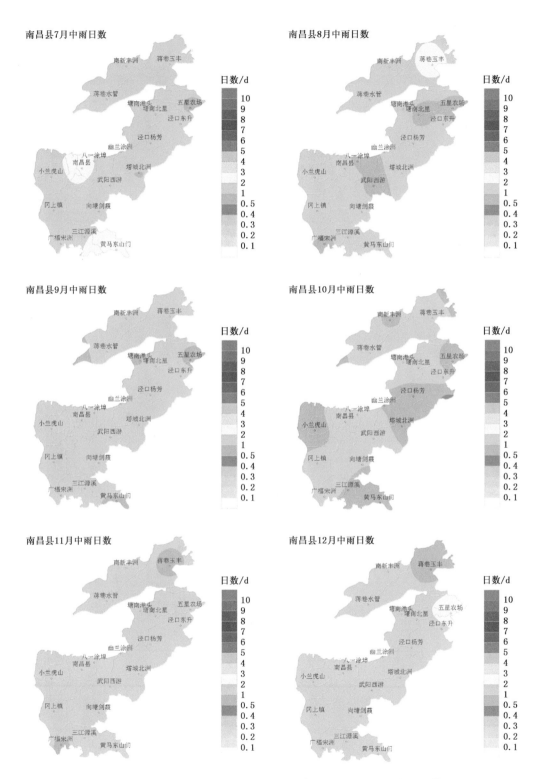

图 2.93　2006—2015 年南昌县区域自动气象站 1—12 月中雨日数

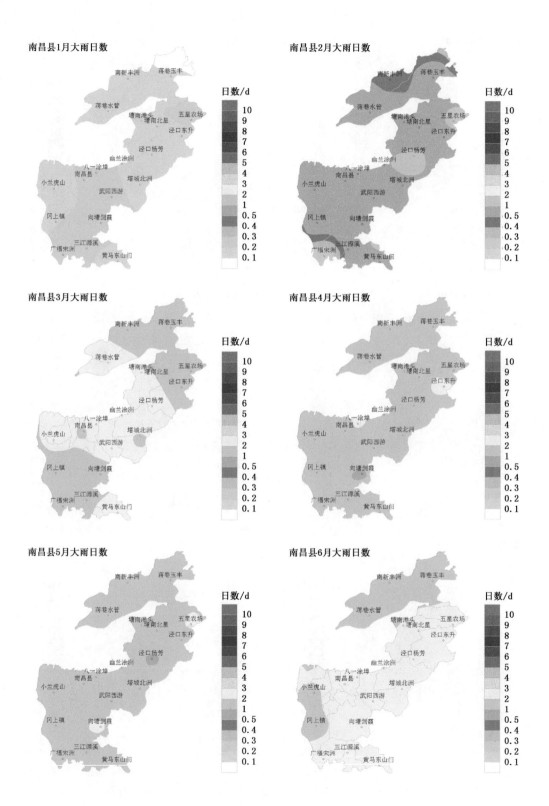

南昌县1月大雨日数

南昌县2月大雨日数

南昌县3月大雨日数

南昌县4月大雨日数

南昌县5月大雨日数

南昌县6月大雨日数

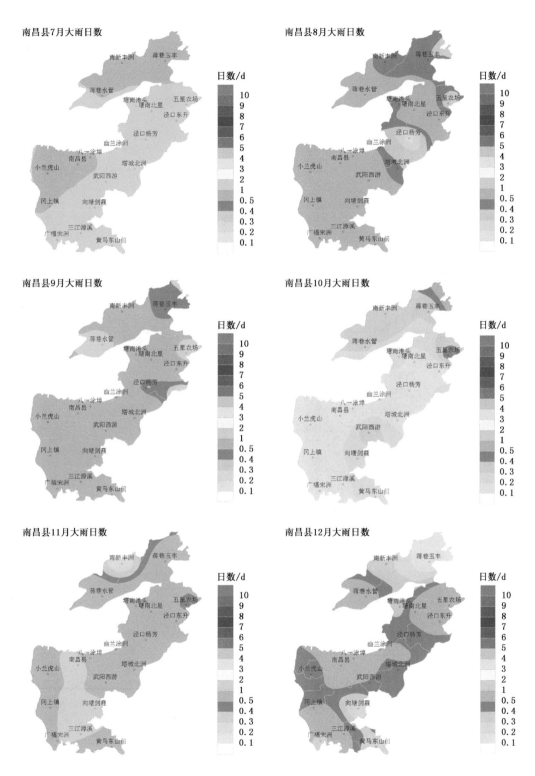

图2.94　2006—2015年南昌县区域自动气象站1—12月大雨日数

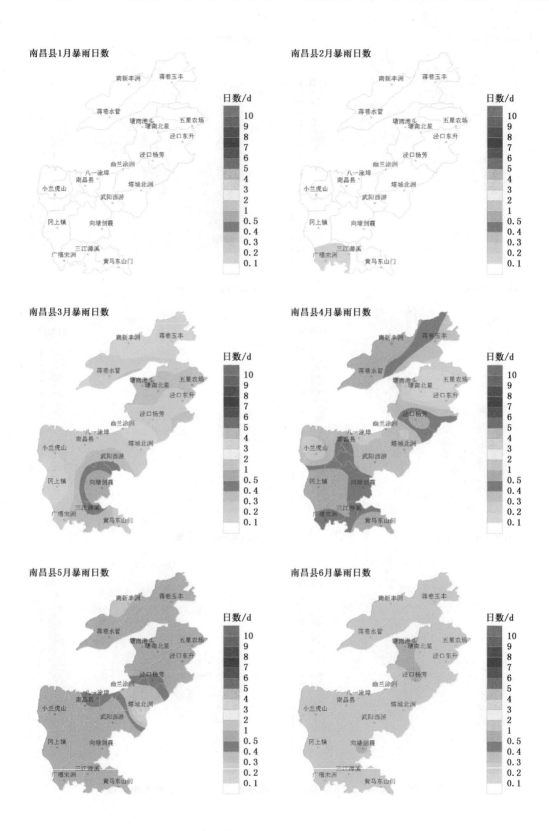

南昌县1月暴雨日数

南昌县2月暴雨日数

南昌县3月暴雨日数

南昌县4月暴雨日数

南昌县5月暴雨日数

南昌县6月暴雨日数

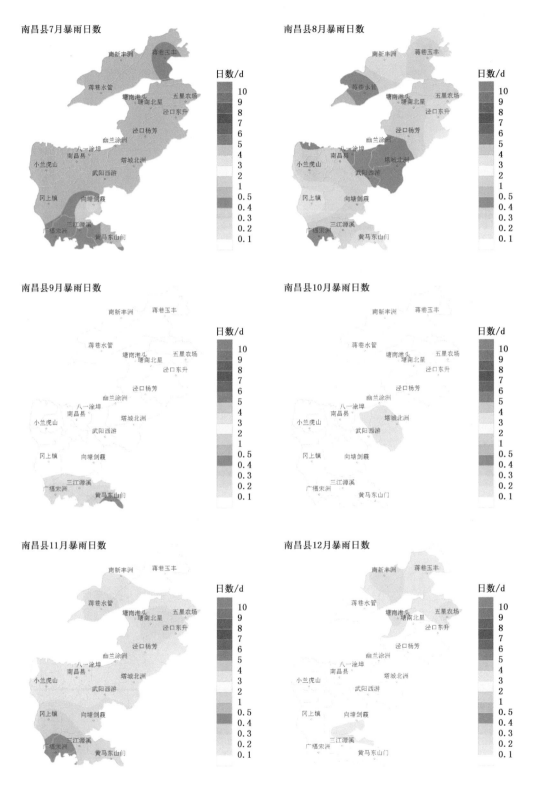

图 2.95　2006—2015 年南昌县区域自动气象站 1—12 月暴雨日数

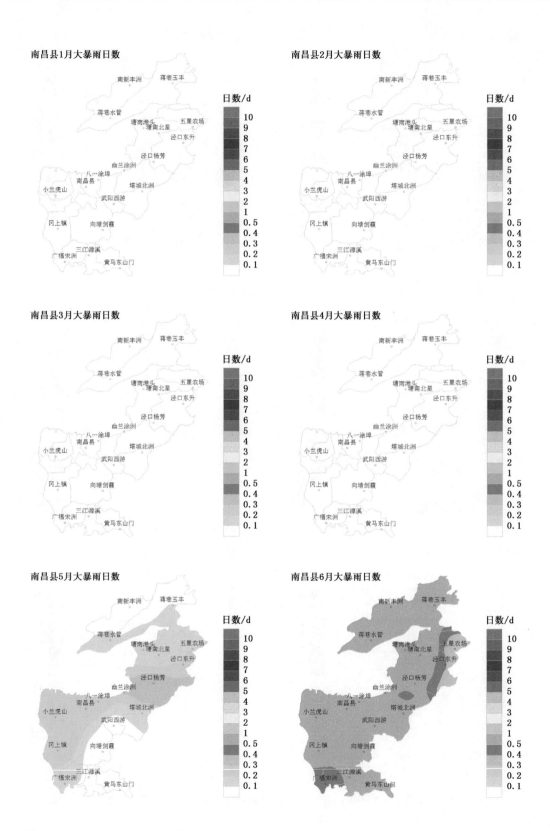

南昌县1月大暴雨日数

南昌县2月大暴雨日数

南昌县3月大暴雨日数

南昌县4月大暴雨日数

南昌县5月大暴雨日数

南昌县6月大暴雨日数

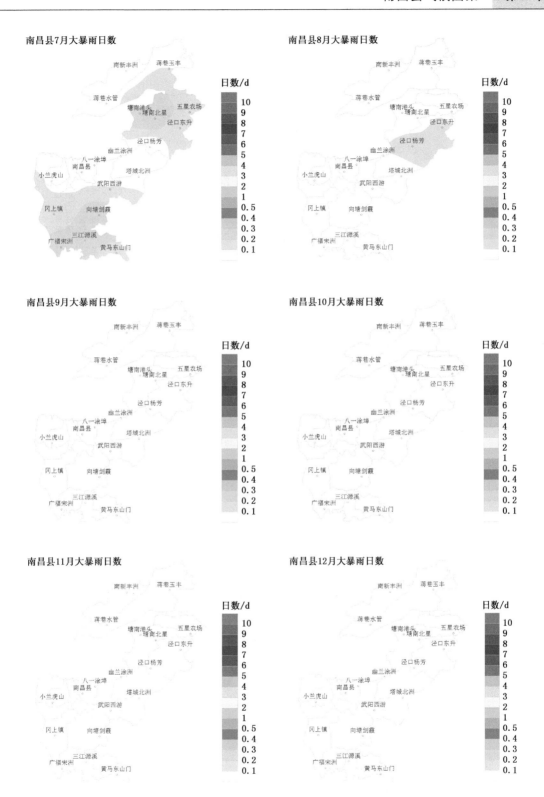

图 2.96　2006—2015 年南昌县区域自动气象站 1—12 月大暴雨日数

2.2.4 最长连续降水日数及期间累积降水量

(1)各月最长连续降水日数

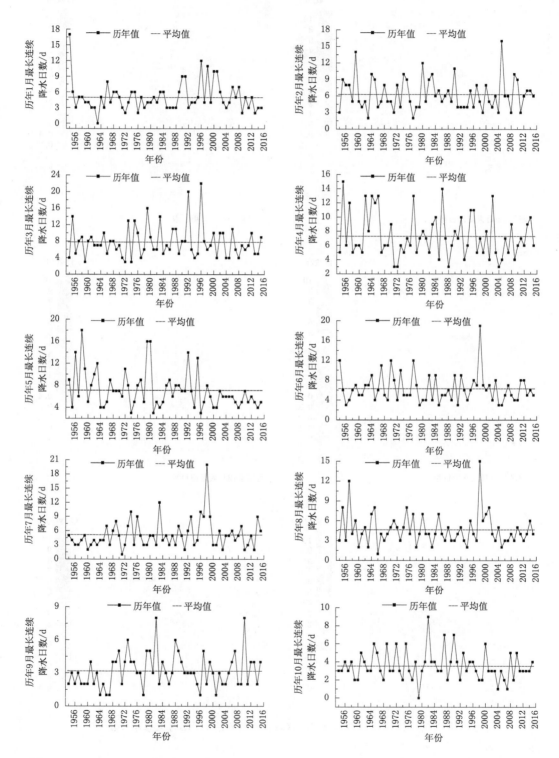

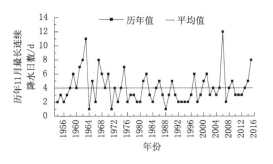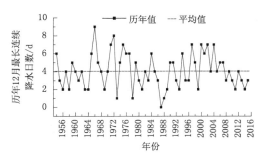

图 2.97　1954—2015 年南昌县国家基本气象站 1—12 月最长连续降水日数

（2）各月最长连续降水日数期间累积降水量

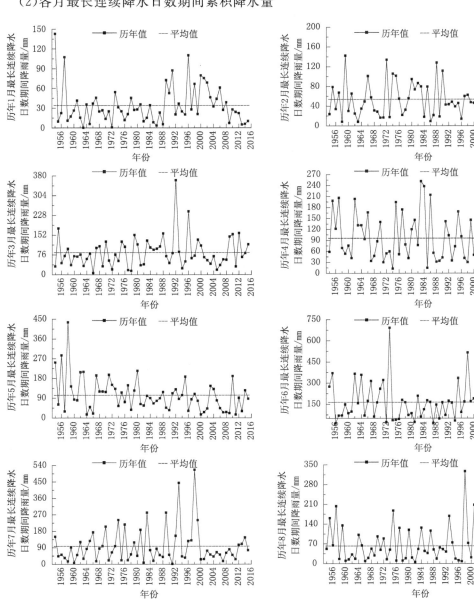

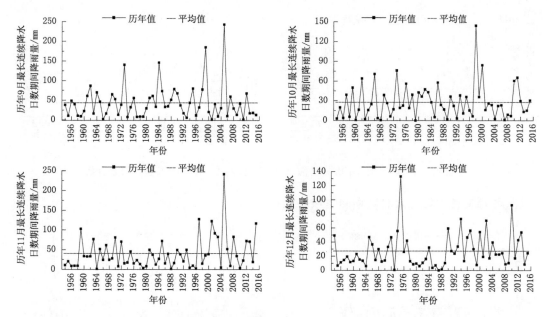

图 2.98　1954—2015 年南昌县国家基本气象站 1—12 月最长连续降水日数期间降水量

(3)年最长连续降水日数及期间累积降水量和止日

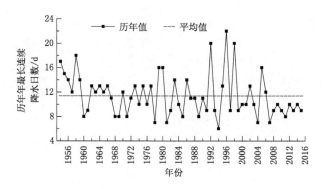

图 2.99　1954—2015 年南昌县国家基本气象站年最长连续降水日数

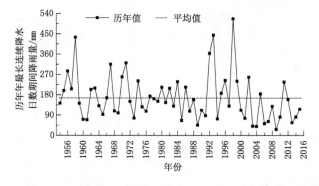

图 2.100　1954—2015 年南昌县国家基本气象站年最长连续降水日数期间降水量

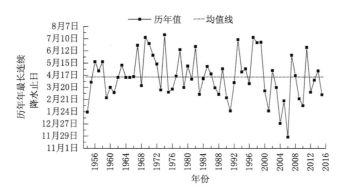

图 2.101　1954—2015 年南昌县国家基本气象站年最长连续降水止日

（4）区域自动气象站各月最长连续降水日数

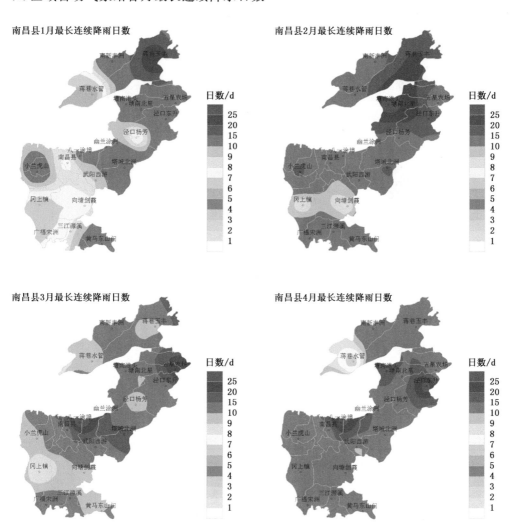

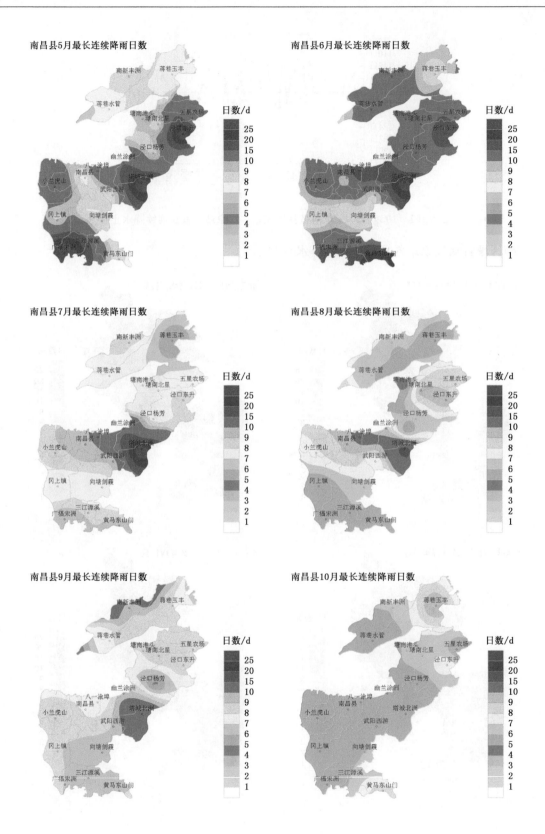

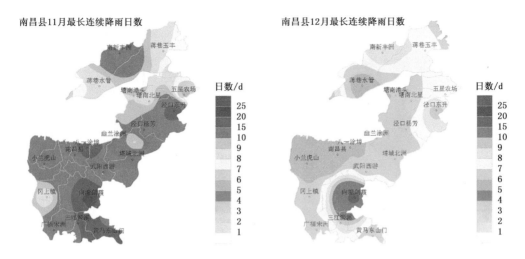

图 2.102　2006—2015 年南昌县区域自动气象站 1—12 月最长连续降水日数

(5)区域自动气象站各月最长连续降水日数期间降水量

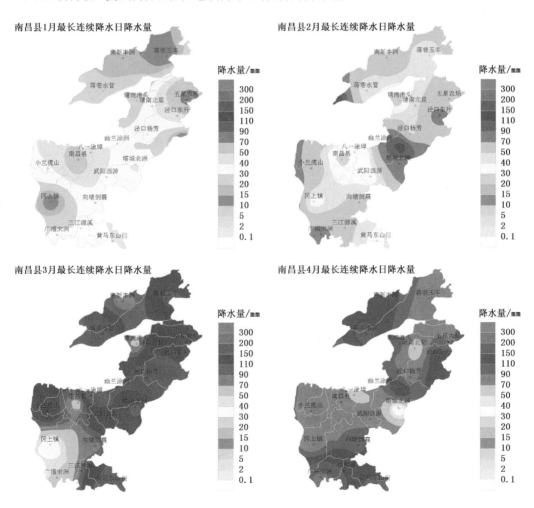

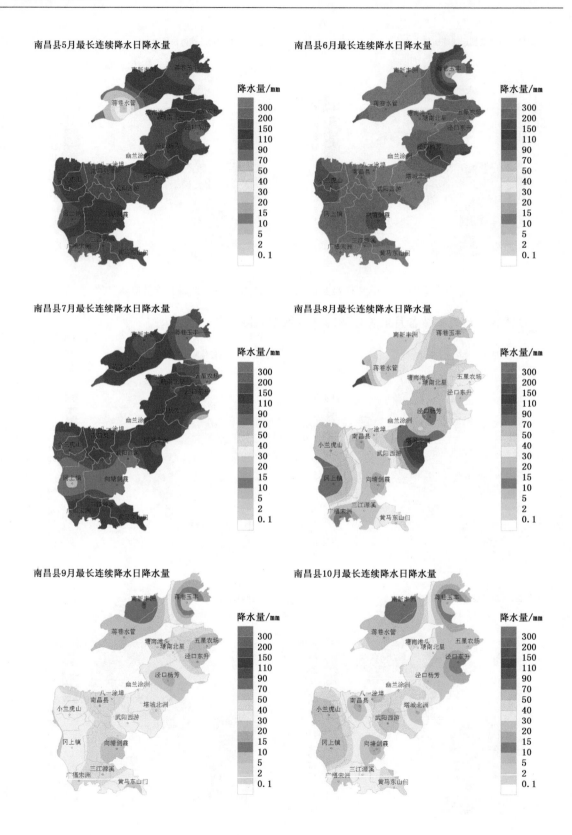

南昌县5月最长连续降水日降水量

南昌县6月最长连续降水日降水量

南昌县7月最长连续降水日降水量

南昌县8月最长连续降水日降水量

南昌县9月最长连续降水日降水量

南昌县10月最长连续降水日降水量

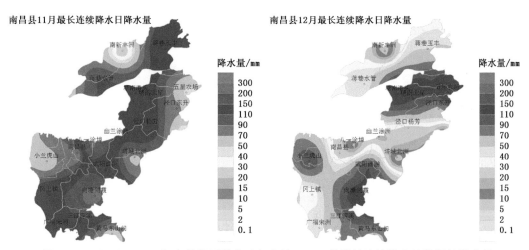

图 2.103　2006—2015 年南昌县区域自动气象站 1—12 月最长连续降水日数期间降水量

（6）区域自动气象站年最长连续降水日数、期间降水量

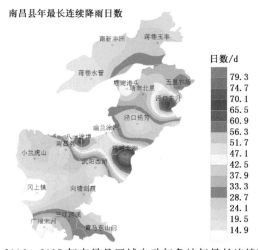

图 2.104　2006—2015 年南昌县区域自动气象站年最长连续降水日数

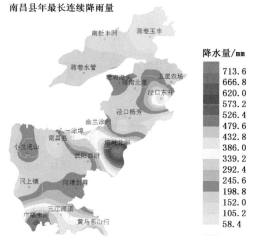

图 2.105　2006—2015 年南昌县区域自动气象站年最长连续降水量

2.2.5 最长连续无降水日数

(1)各月最长连续无降水日数

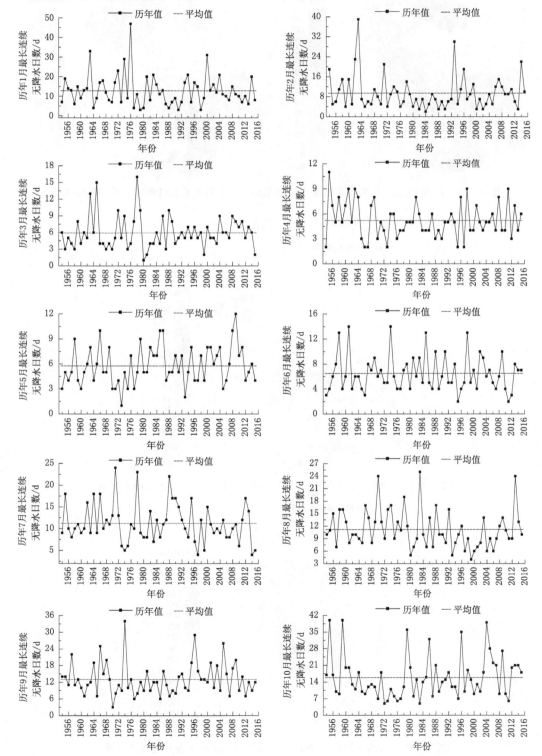

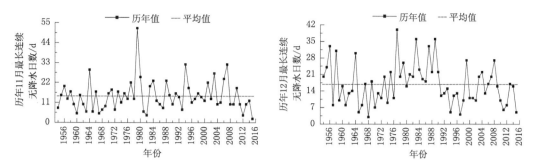

图 2.106　1954—2015 年南昌县国家基本气象站 1—12 月最长连续无降水日数

（2）年最长连续无降水日数和止日

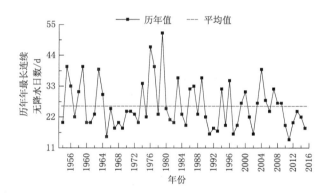

图 2.107　1954—2015 年南昌县国家基本气象站年最长连续无降水日数

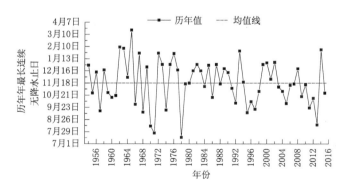

图 2.108　1954—2015 年南昌县国家基本气象站年最长连续无降水日数止日

（3）区域自动气象站各月最长连续无降水日数

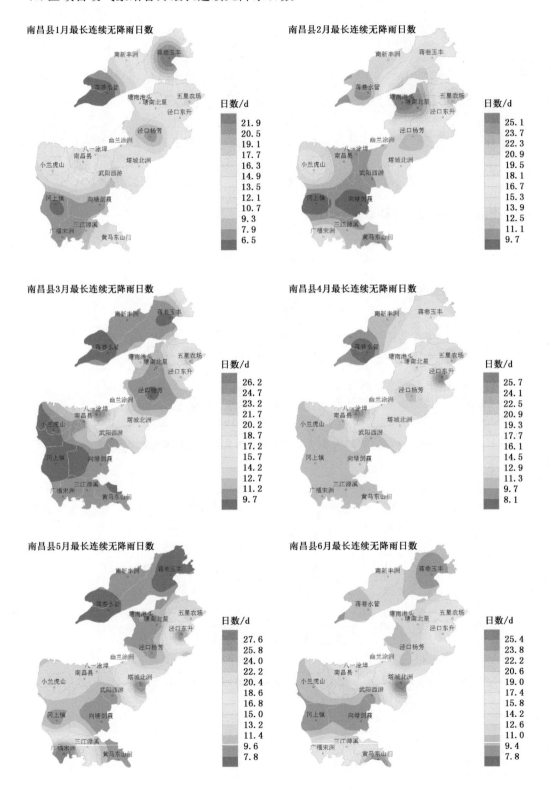

南昌县1月最长连续无降雨日数

南昌县2月最长连续无降雨日数

南昌县3月最长连续无降雨日数

南昌县4月最长连续无降雨日数

南昌县5月最长连续无降雨日数

南昌县6月最长连续无降雨日数

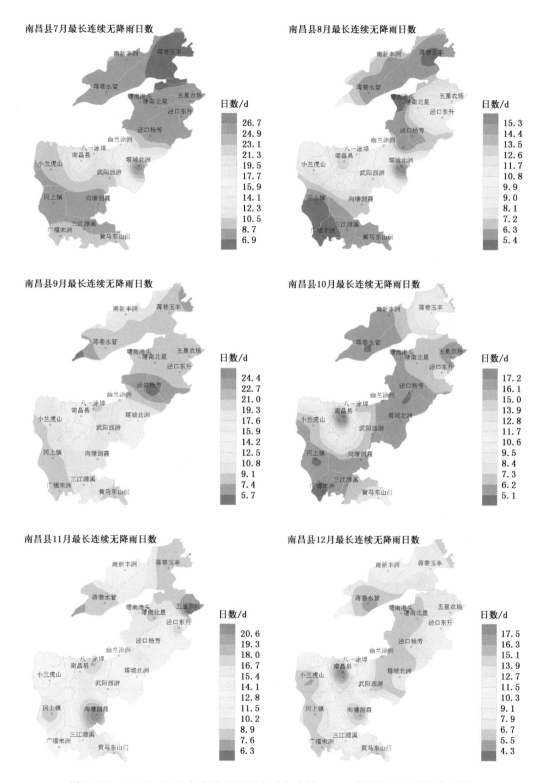

图 2.109　2006—2015 年南昌县区域自动气象站 1—12 月最长连续无降水日数

（4）区域自动气象站年最长连续无降水日数

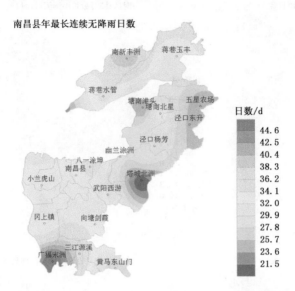

图 2.110　2006—2015 年南昌县区域自动气象站年最长连续无降水日数

2.2.6　汛期降水量和降水日数

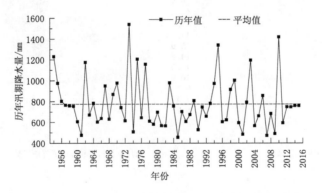

图 2.111　1954—2015 年南昌县国家基本气象站汛期降水量

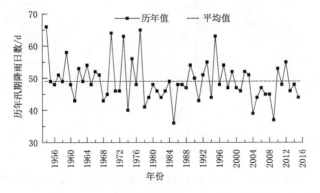

图 2.112　1954—2015 年南昌县国家基本气象站汛期降雨日数

2.2.7　空气湿度

（1）各月平均相对湿度

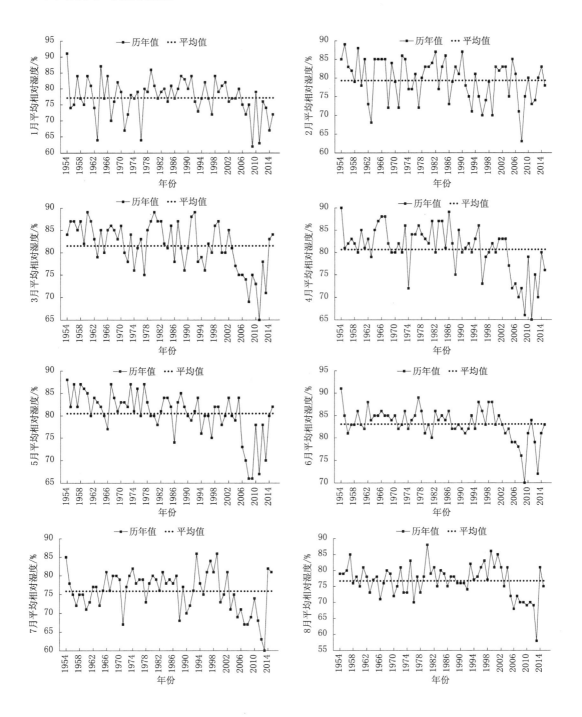

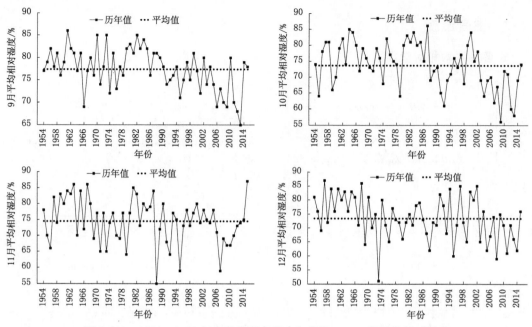

图 2.113　1954—2015 年南昌县国家基本气象站 1—12 月平均相对湿度

（2）年平均相对湿度

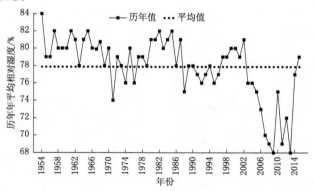

图 2.114　1954—2015 年南昌县国家基本气象站年平均相对湿度

2.2.8　水汽压

（1）各月平均水汽压

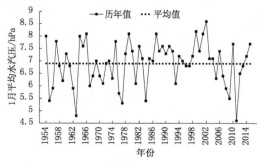

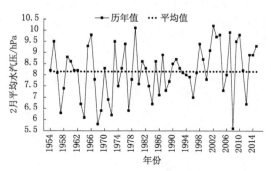

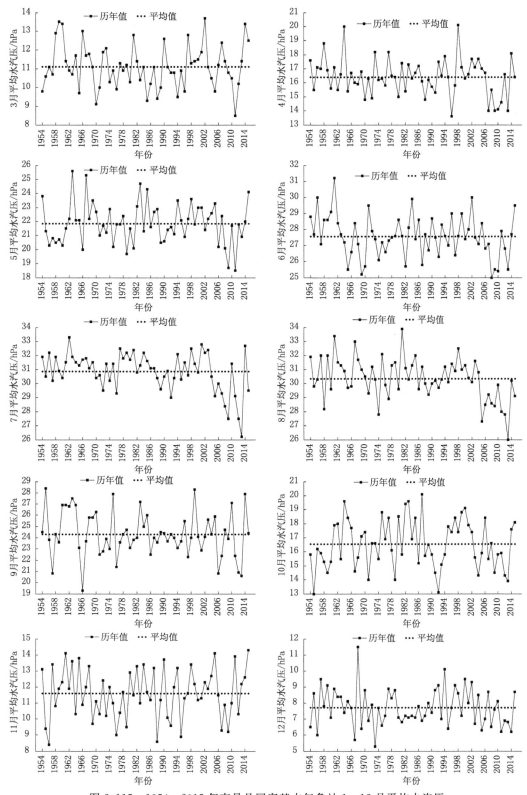

图 2.115　1954—2015 年南昌县国家基本气象站 1—12 月平均水汽压

（2）年平均水汽压

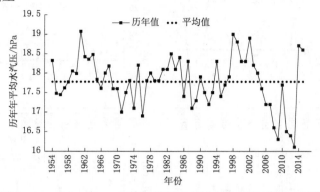

图 2.116　1954—2015 年南昌县国家基本气象站年平均水汽压

2.2.9　蒸发量

（1）各月蒸发量

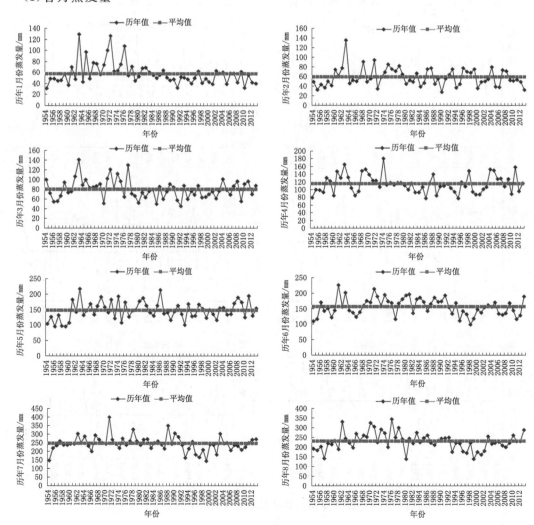

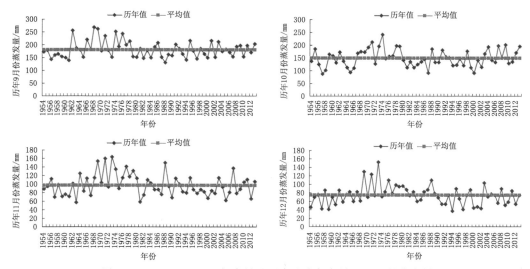

图 2.117　1954—2013 年南昌县国家基本气象站 1—12 月蒸发量

（2）年蒸发量

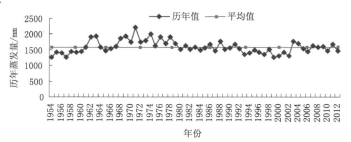

图 2.118　1954—2013 年南昌县国家基本气象站年蒸发量

2.2.10　土壤含水量

（1）不同深度土层各月相对湿度

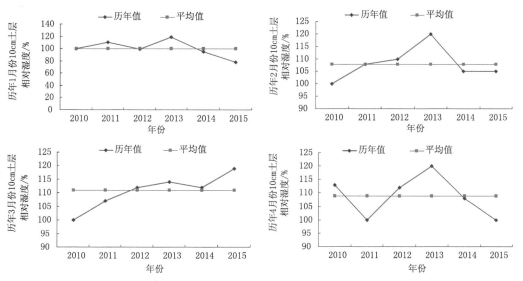

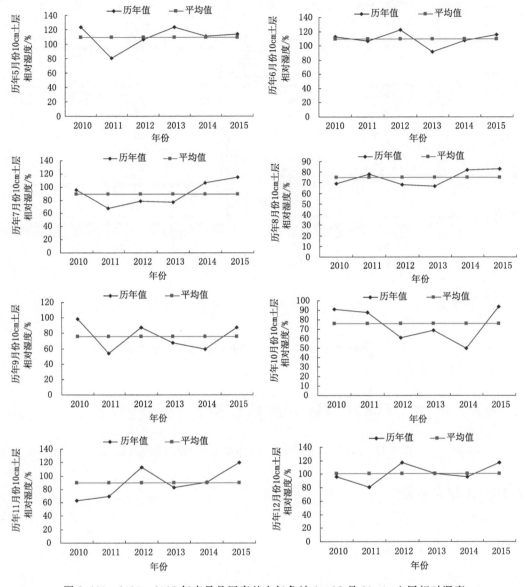

图 2.119 2010—2015 年南昌县国家基本气象站 1—12 月 10 cm 土层相对湿度

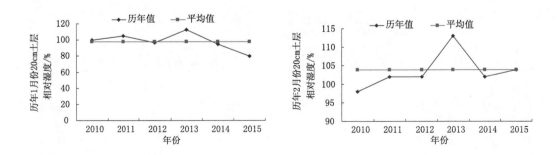

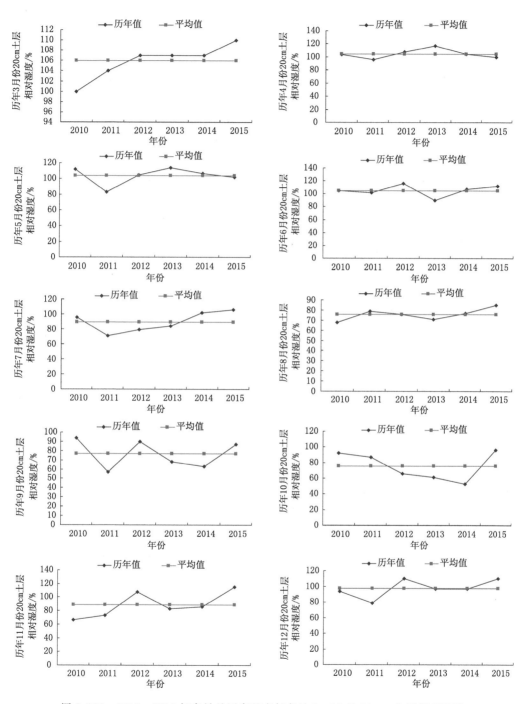

图 2.120　2010—2015 年南昌县国家基本气象站 1—12 月 20 cm 土层相对湿度

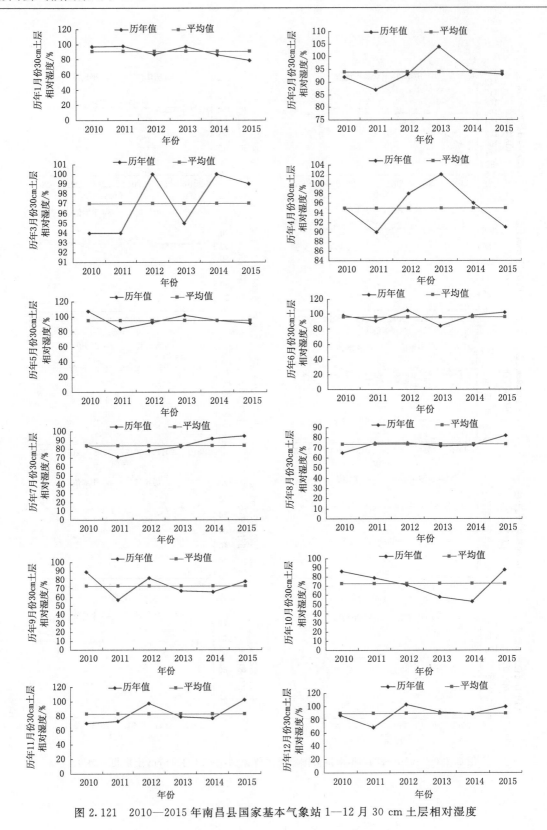

图 2.121　2010—2015 年南昌县国家基本气象站 1—12 月 30 cm 土层相对湿度

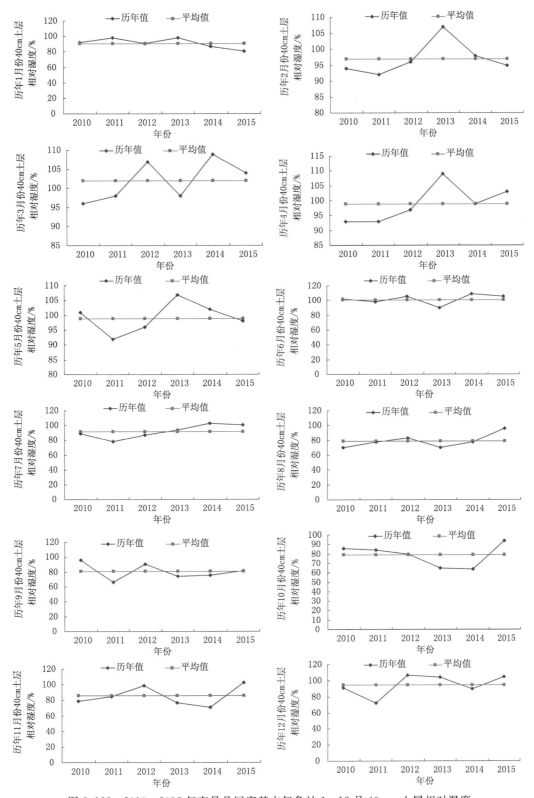

图 2.122　2010—2015 年南昌县国家基本气象站 1—12 月 40 cm 土层相对湿度

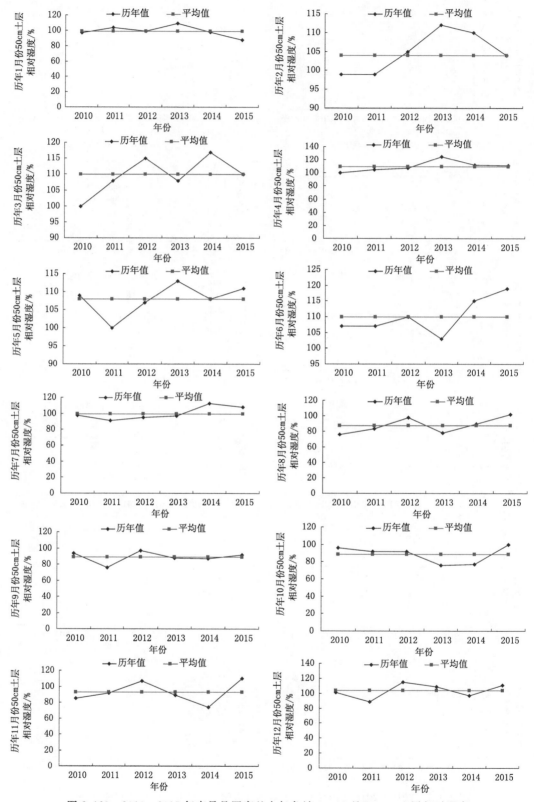

图 2.123　2010—2015 年南昌县国家基本气象站 1—12 月 50 cm 土层相对湿度

（2）不同深度土层年土壤相对湿度

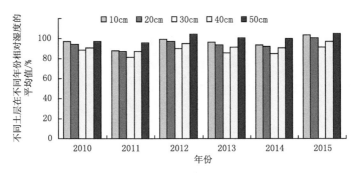

图 2.124　2010—2015 年南昌县国家基本气象站不同深度土层年相对湿度

2.3　辐射资源

2.3.1　日照时数和日照百分率

（1）各月日照时数

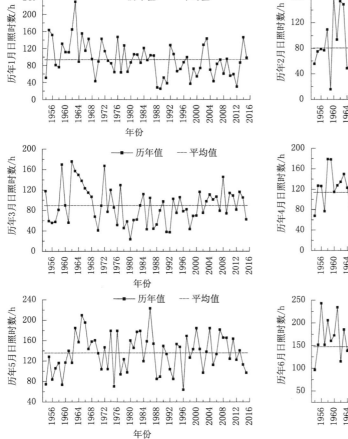

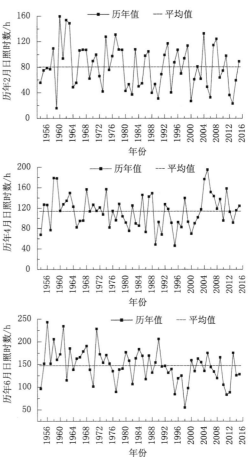

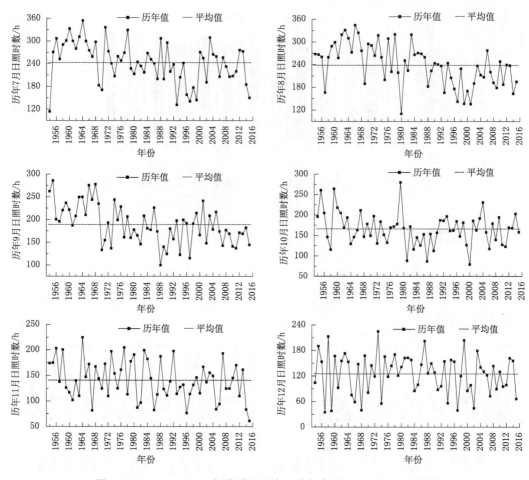

图 2.125 1954—2015 年南昌县国家基本气象站 1—12 月日照时数

(2)年日照时数

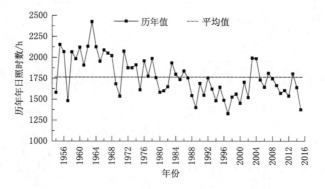

图 2.126 1954—2015 年南昌县国家基本气象站年日照时数

（3）各月日照百分率

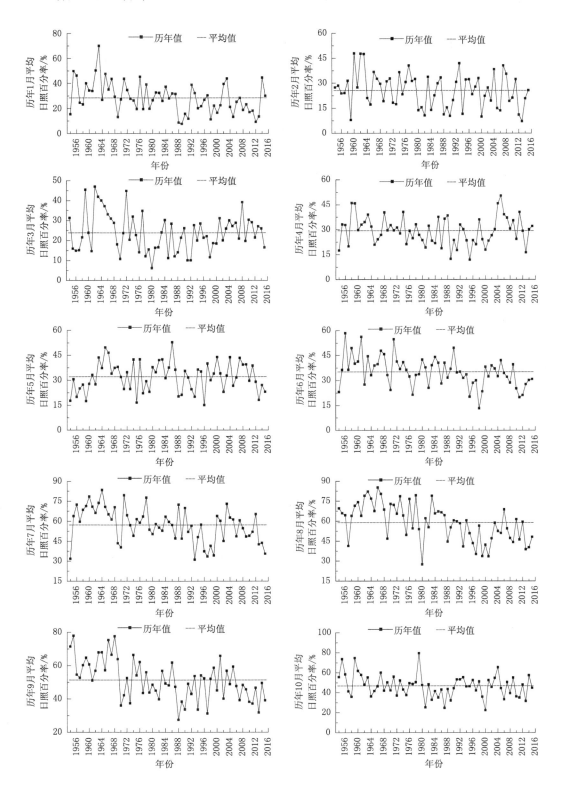

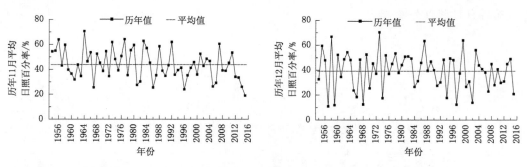

图 2.127 1954—2015 年南昌县国家基本气象站 1—12 月日照百分率

（4）年日照百分率

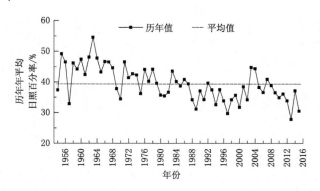

图 2.128 1954—2015 年南昌县国家基本气象站年日照百分率

2.3.2 各级日照百分率日数

（1）各月日照百分率≥60％日数

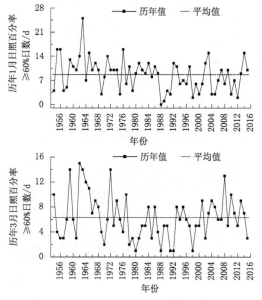

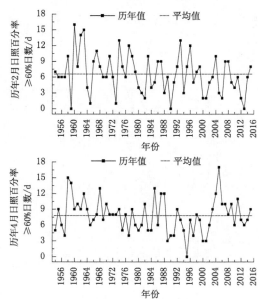

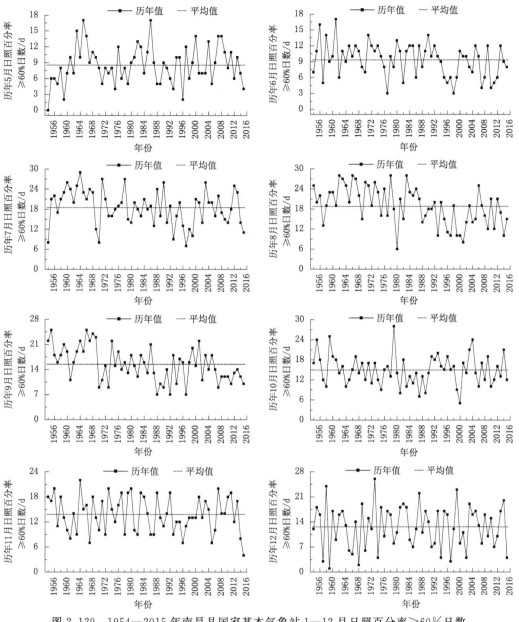

图 2.129　1954—2015 年南昌县国家基本气象站 1—12 月日照百分率≥60％日数

（2）各月日照百分率≤20％日数

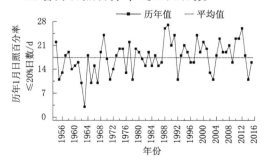

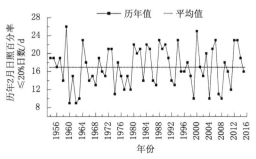

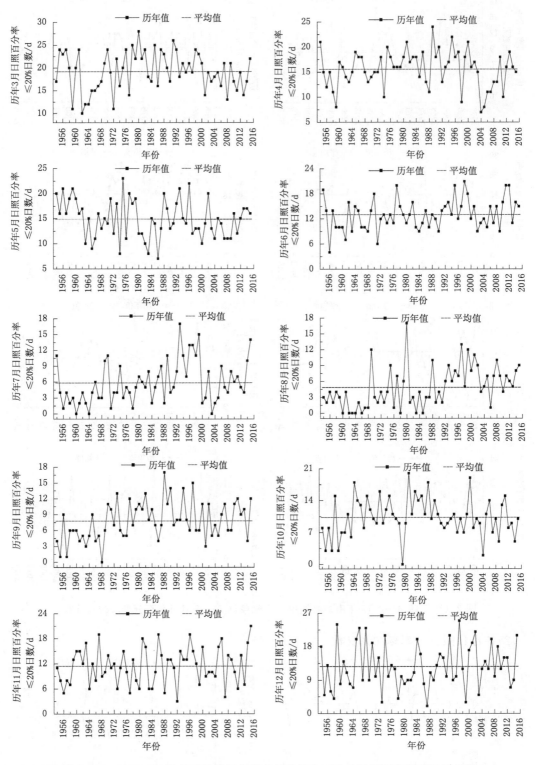

图 2.130　1954—2015 年南昌县国家基本气象站 1—12 月日照百分率≤20％日数

（3）年日照百分率≥60％日数

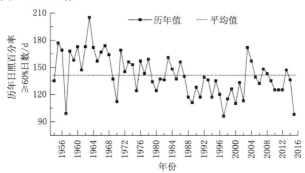

图 2.131　1954—2015 年南昌县国家基本气象站年日照百分率≥60％日数

（4）年日照百分率≤20％日数

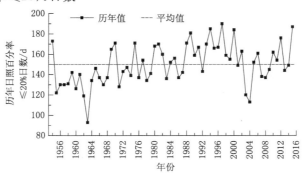

图 2.132　1954—2015 年南昌县国家基本气象站年日照百分率≤20％日数

2.3.3　无日照及连续无日照日数

（1）各月无日照日数

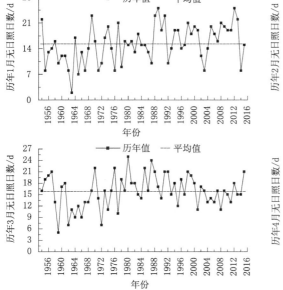

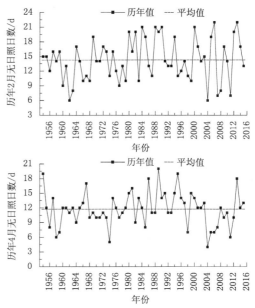

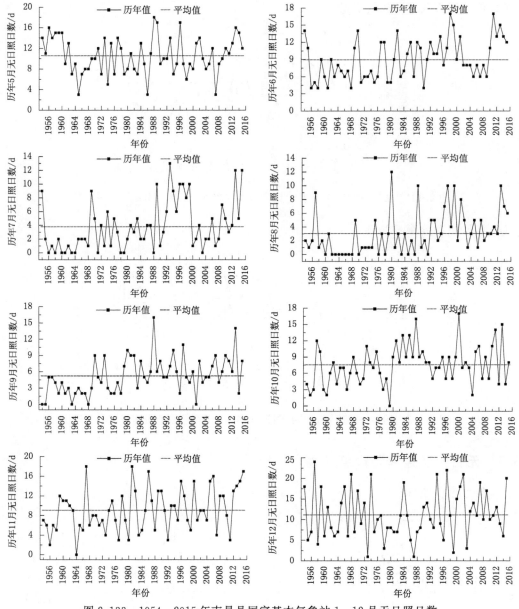

图 2.133　1954—2015 年南昌县国家基本气象站 1—12 月无日照日数

（2）各月最长连续无日照日数

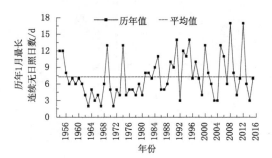

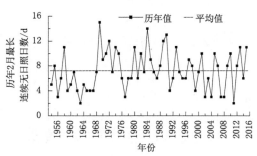

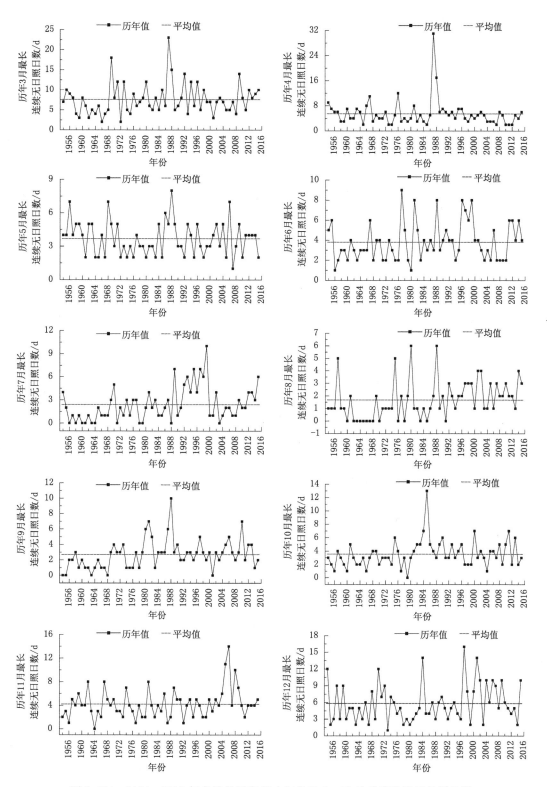

图 2.134　1954—2015 年南昌县国家基本气象站 1—12 月最长连续无日照日数

（3）年无日照日数

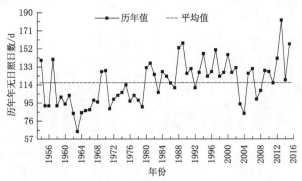

图 2.135　1954—2015 年南昌县国家基本气象站年无日照日数

（4）历年年最长连续无日照日数

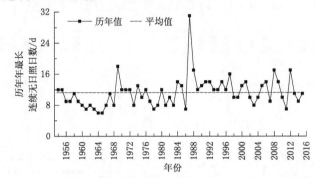

图 2.136　1954—2015 年南昌县国家基本气象站年最长连续无日照日数

2.3.4　辐射

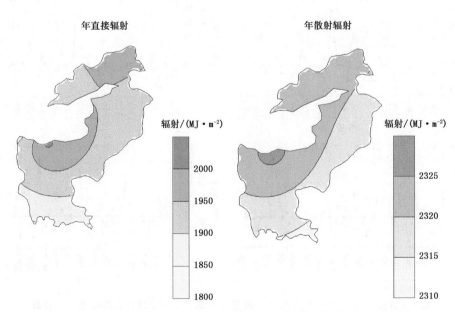

图 2.137　2006—2015 年南昌县区域自动气象站年直接辐射和散射辐射

年总辐射

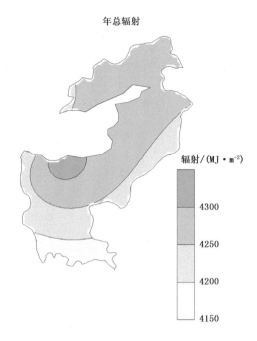

图 2.138　2006—2015 年南昌县区域自动气象站年总辐射

2.4　风与风能资源

2.4.1　平均风速

（1）各月平均风速

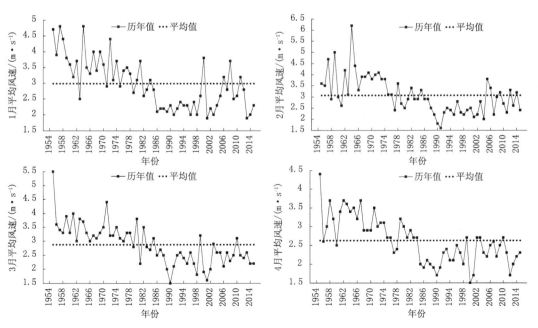

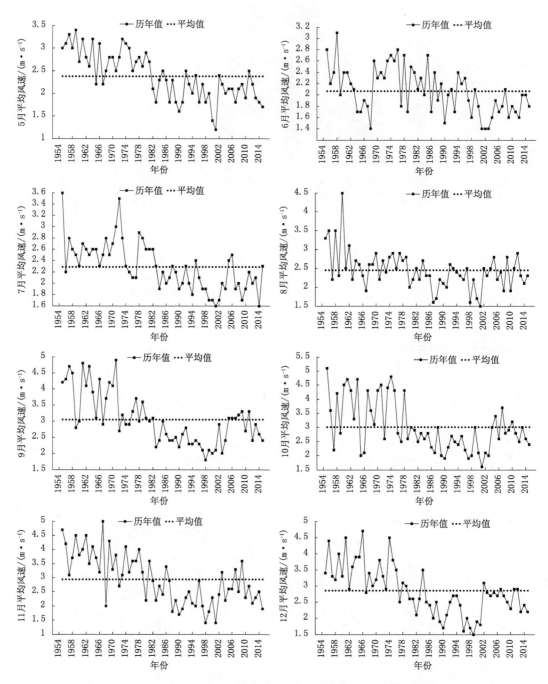

图 2.139　1954—2015 年南昌县国家基本气象站 1—12 月平均风速

（2）年平均风速

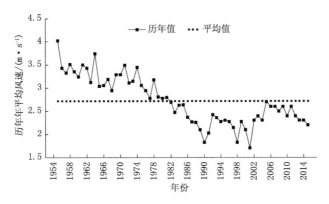

图2.140　1954—2015年南昌县国家基本气象站年平均风速

（3）区域自动气象站月平均风速

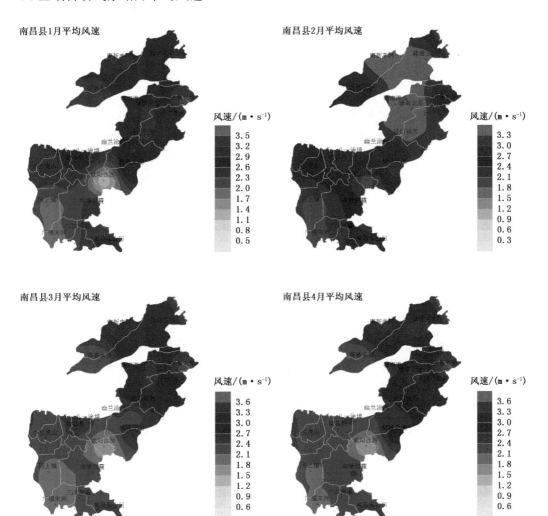

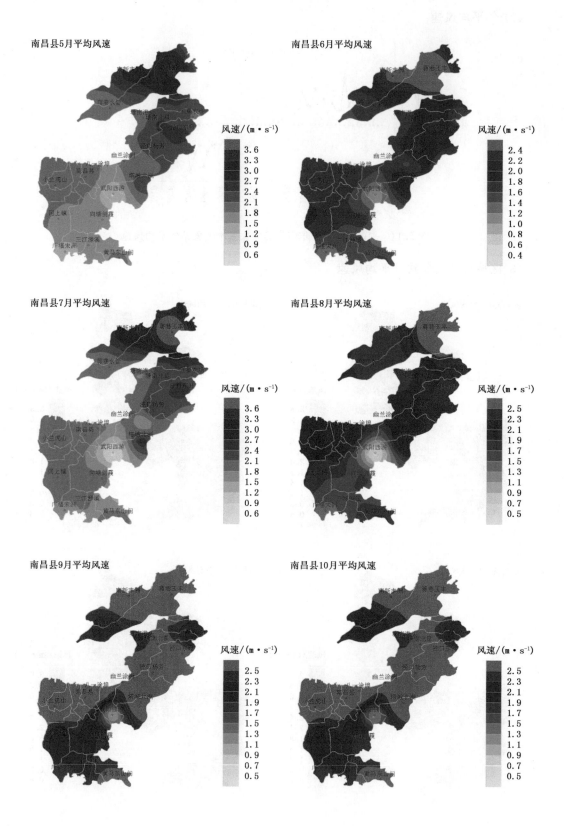

南昌县5月平均风速

风速/(m·s⁻¹)
3.6
3.3
3.0
2.7
2.4
2.1
1.8
1.5
1.2
0.9
0.6

南昌县6月平均风速

风速/(m·s⁻¹)
2.4
2.2
2.0
1.8
1.6
1.4
1.2
1.0
0.8
0.6
0.4

南昌县7月平均风速

风速/(m·s⁻¹)
3.6
3.3
3.0
2.7
2.4
2.1
1.8
1.5
1.2
0.9
0.6

南昌县8月平均风速

风速/(m·s⁻¹)
2.5
2.3
2.1
1.9
1.7
1.5
1.3
1.1
0.9
0.7
0.5

南昌县9月平均风速

风速/(m·s⁻¹)
2.5
2.3
2.1
1.9
1.7
1.5
1.3
1.1
0.9
0.7
0.5

南昌县10月平均风速

风速/(m·s⁻¹)
2.5
2.3
2.1
1.9
1.7
1.5
1.3
1.1
0.9
0.7
0.5

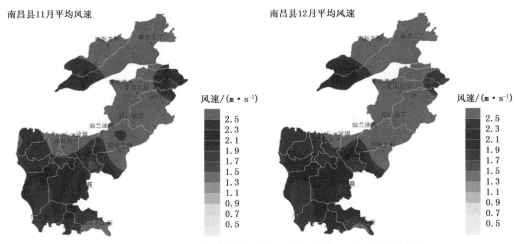

图 2.141　2006—2015 年南昌县区域自动气象站 1—12 月平均风速

（4）区域自动气象站年平均风速

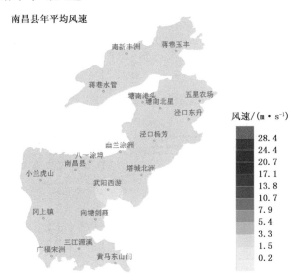

图 2.142　2006—2015 年南昌县区域自动气象站年平均风速

2.4.2　大风日数

（1）各月大风日数

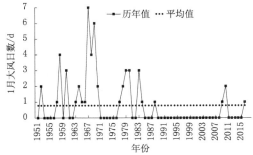

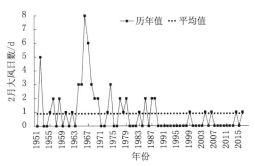

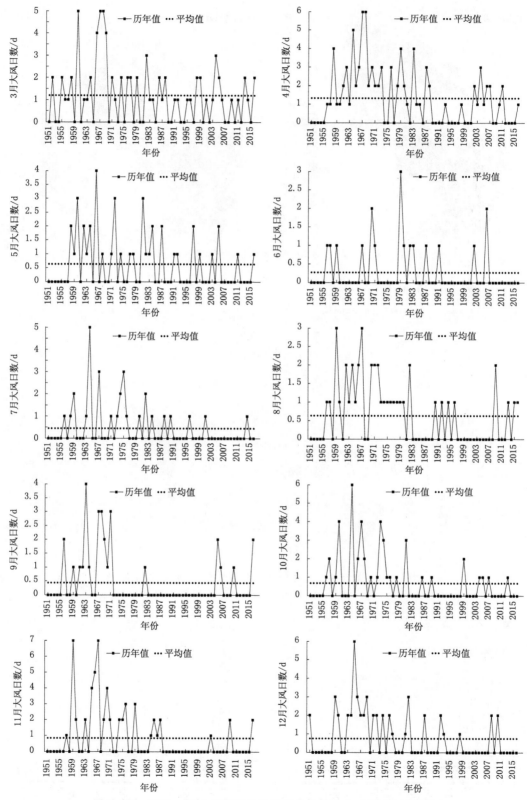

图 2.143　1951—2015 年南昌县国家基本气象站 1—12 月大风日数

（2）年大风日数

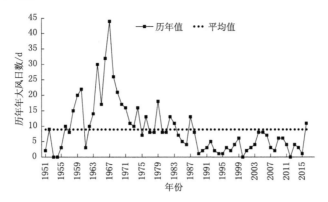

图 2.144　1951—2015 年南昌县国家基本气象站历年年大风日数

2.4.3　最大风速

（1）各月最大风速

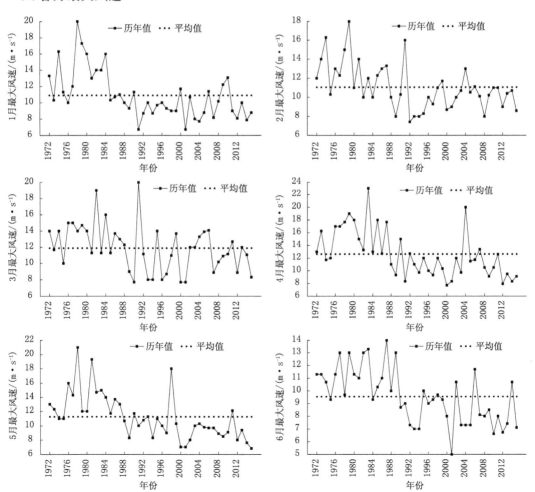

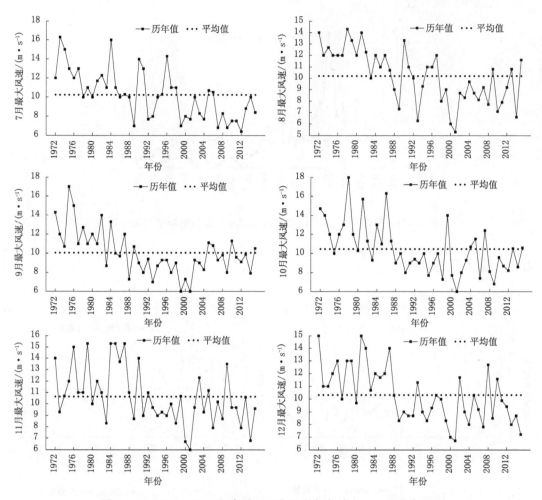

图 2.145　1972—2015 年南昌县国家基本气象站 1—12 月最大风速

（2）年最大风速

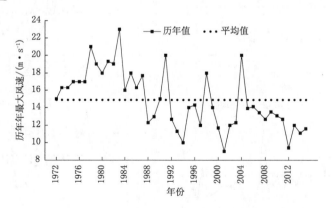

图 2.146　1972—2015 年南昌县国家基本气象站年最大风速

（3）区域自动气象站各月最大风速

南昌县1月平均最大风速

南昌县2月平均最大风速

南昌县3月平均最大风速

南昌县4月平均最大风速

南昌县5月平均最大风速

南昌县6月平均最大风速

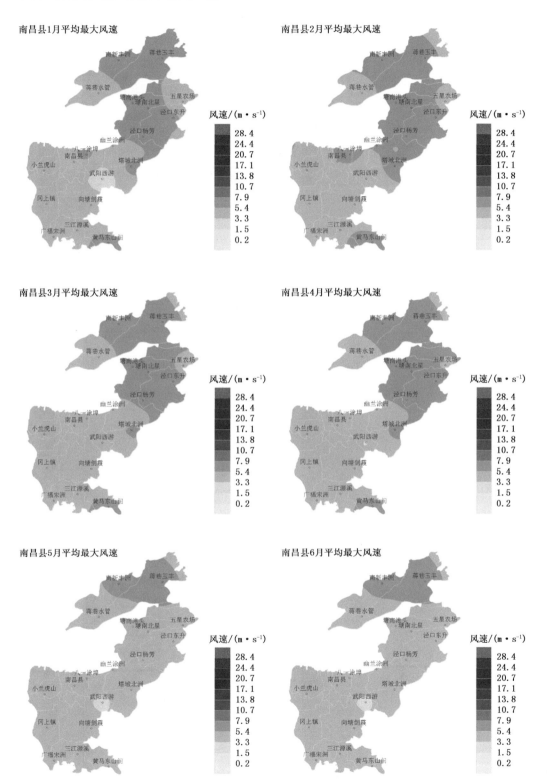

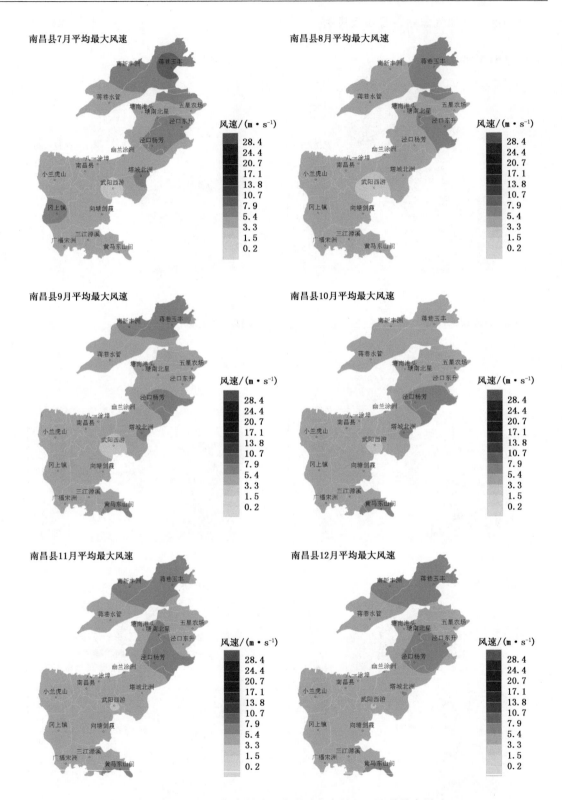

图 2.147　2006—2015 年南昌县国家自动气象站 1—12 月最大风速

(4)区域自动气象站年最大风速

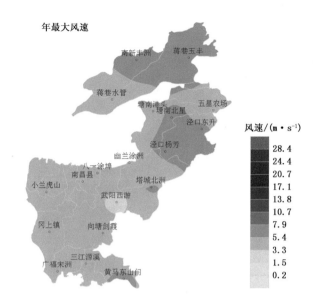

图 2.148　2006—2015 年南昌县区域自动气象站年最大风速

2.4.4　极大风速

(1)区域自动气象站各月极大风速

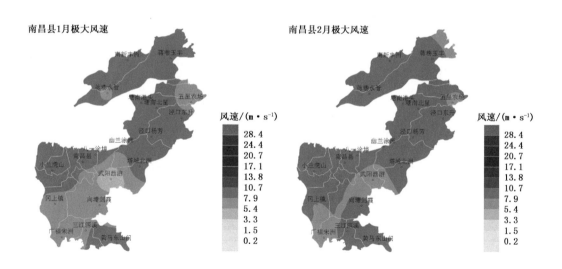

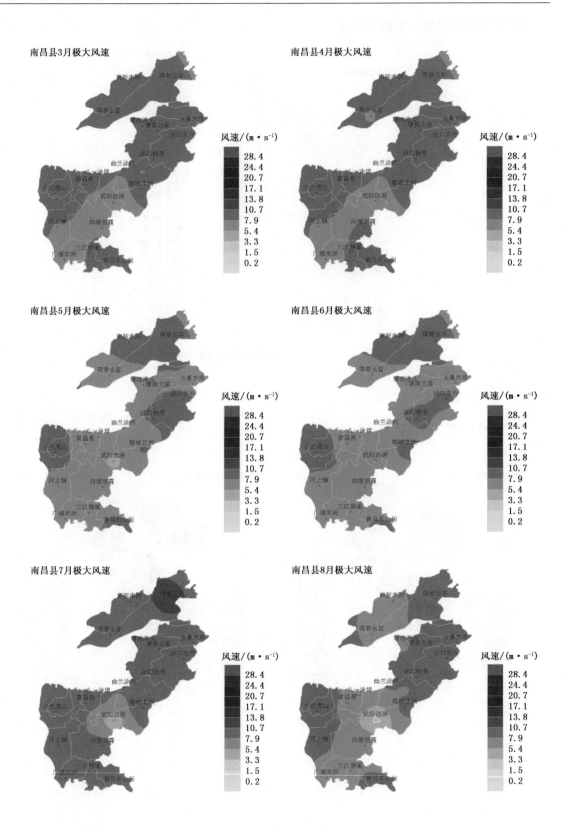

南昌县3月极大风速

南昌县4月极大风速

风速/(m·s⁻¹)

南昌县5月极大风速

南昌县6月极大风速

南昌县7月极大风速

南昌县8月极大风速

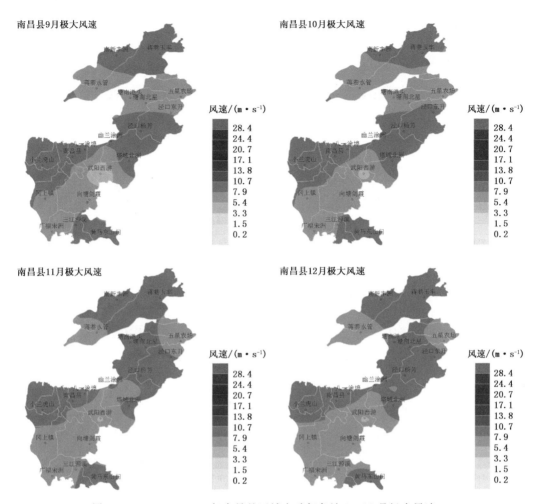

图 2.149　2006—2015 年南昌县区域自动气象站 1—12 月极大风速

（2）区域自动气象站年极大风速

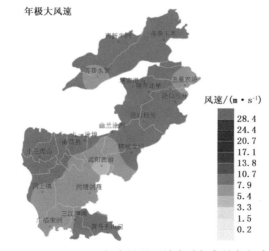

图 2.150　2006—2015 年南昌县区域自动气象站年极大风速

2.4.5 风向

（1）各月风向频率玫瑰图

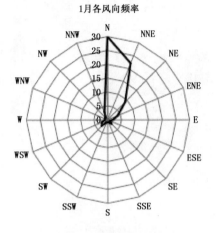

1月各风向频率

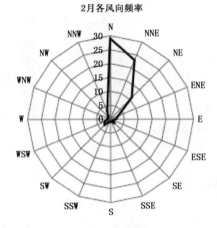

2月各风向频率

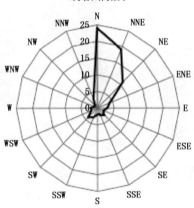

3月各风向频率

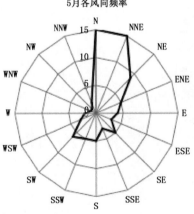

5月各风向频率

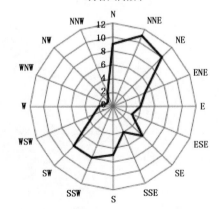

4月各风向频率

6月各风向频率

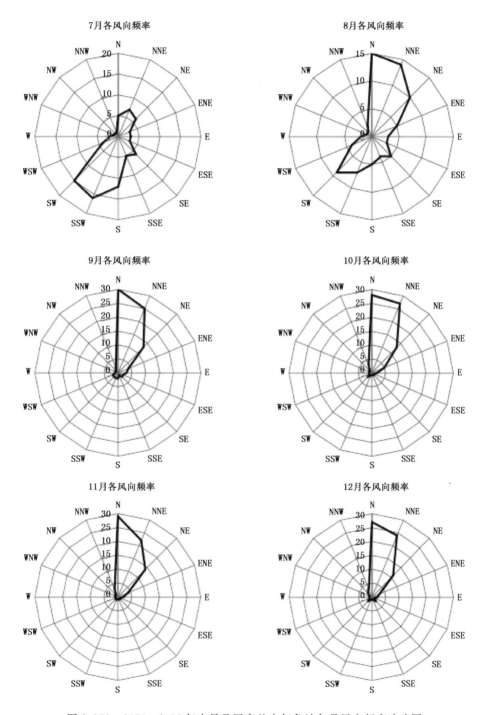

图 2.151 1954—2015 年南昌县国家基本气象站各月风向频率玫瑰图

（2）年风向频率玫瑰图

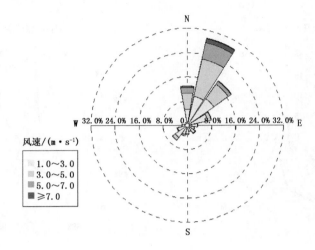

图 2.152　1954—2015 年南昌县国家基本气象站年风向频率玫瑰图

（3）区域自动气象站年风玫瑰图

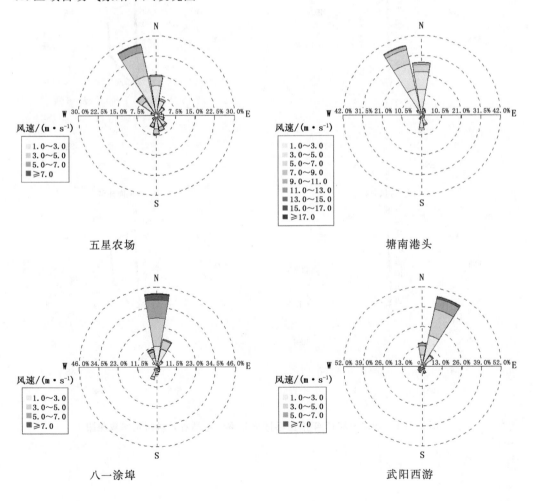

五星农场　　　　　　　　　　　　　塘南港头

八一涂埠　　　　　　　　　　　　　武阳西游

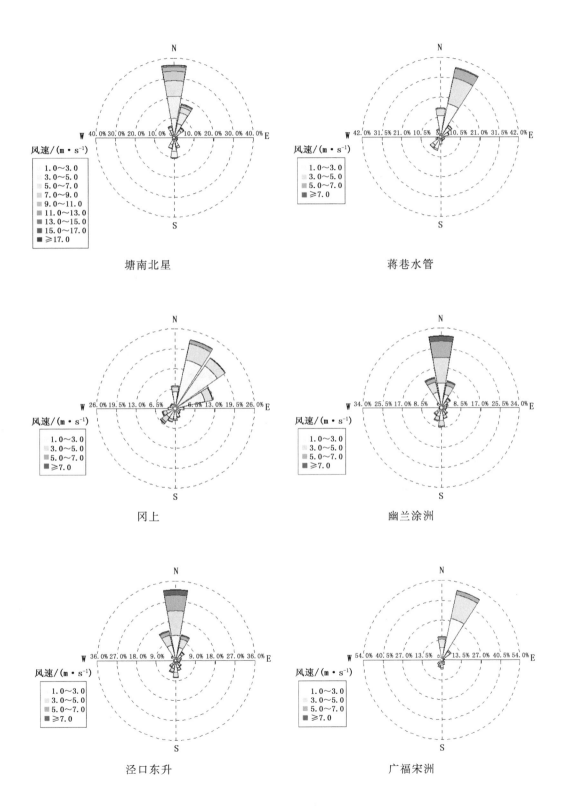

塘南北星

蒋巷水管

冈上

幽兰涂洲

泾口东升

广福宋洲

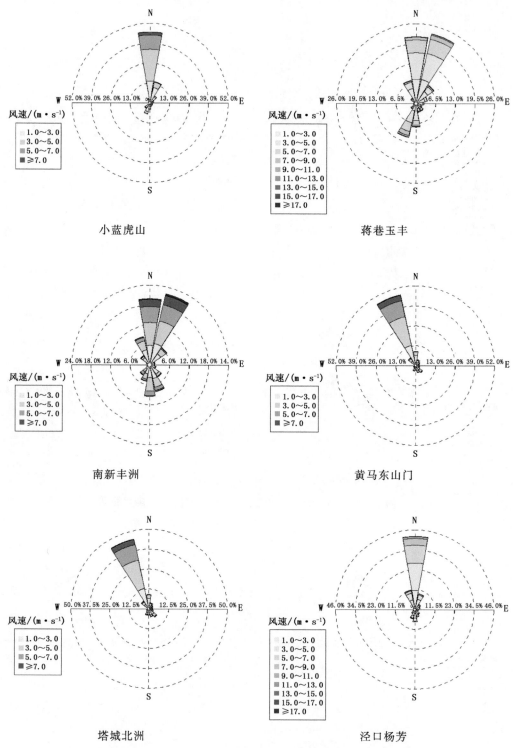

图 2.153 2006—2015 年南昌县区域自动气象站风向频率玫瑰图

（4）年主导风向

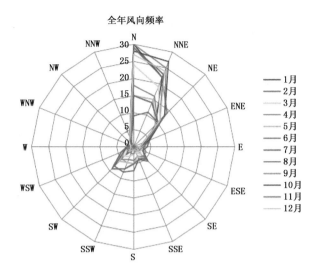

图 2.154　1954—2015 年南昌县国家基本气象站年主导风向

2.4.6　风功率密度

（1）10 m 高度风速和风功率密度

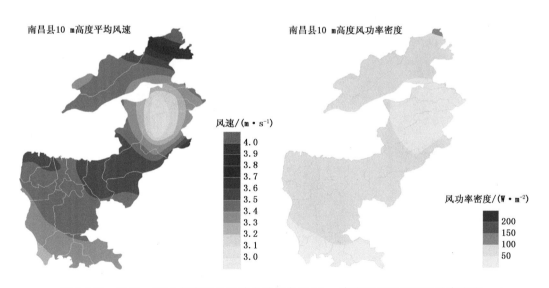

图 2.155　2006—2015 年南昌县区域自动气象站 10 m 高度平均风速和风功率密度

（2）50 m 高度风速和风功率密度

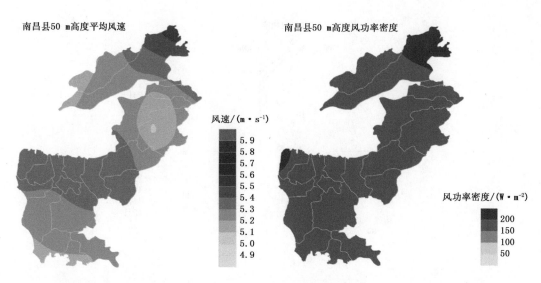

图 2.156　2006—2015 年南昌县区域自动气象站 50 m 高度平均风速和风功率密度

（3）70 m 高度风速和风功率密度

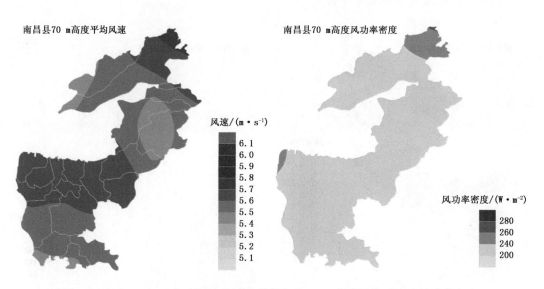

图 2.157　2006—2015 年南昌县区域自动气象站 70 m 高度平均风速和风功率密度

2.5　云量、雾霜、雷暴等天气现象

2.5.1　云量

(1)各月平均总云量

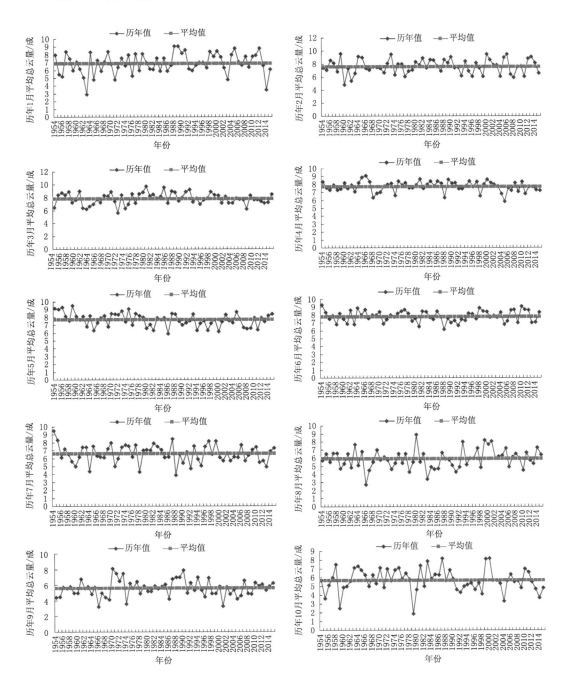

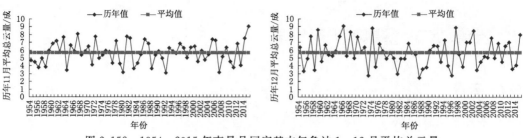

图 2.158 1954—2015 年南昌县国家基本气象站 1—12 月平均总云量

（2）各月平均低云量

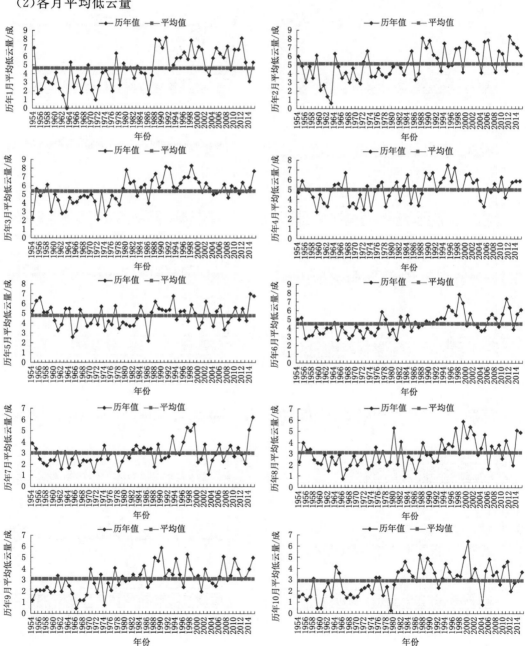

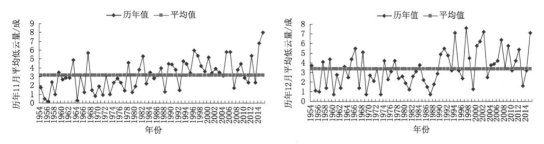

图 2.159　1954—2015 年南昌县国家基本气象站 1—12 月平均低云量

（3）年平均总云量

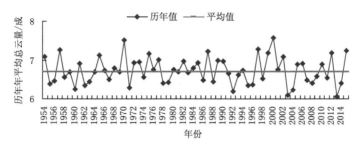

图 2.160　1954—2015 年南昌县国家基本气象站年平均总云量

（4）年平均低云量

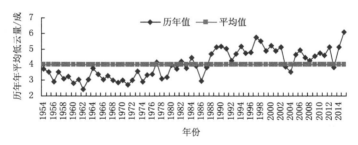

图 2.161　1954—2015 年南昌县国家基本气象站年平均低云量

2.5.2　雾日数和霾日数

（1）各月雾日数

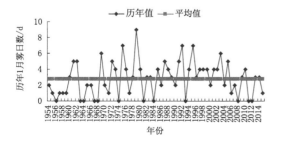

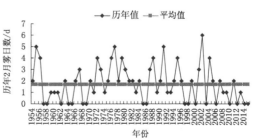

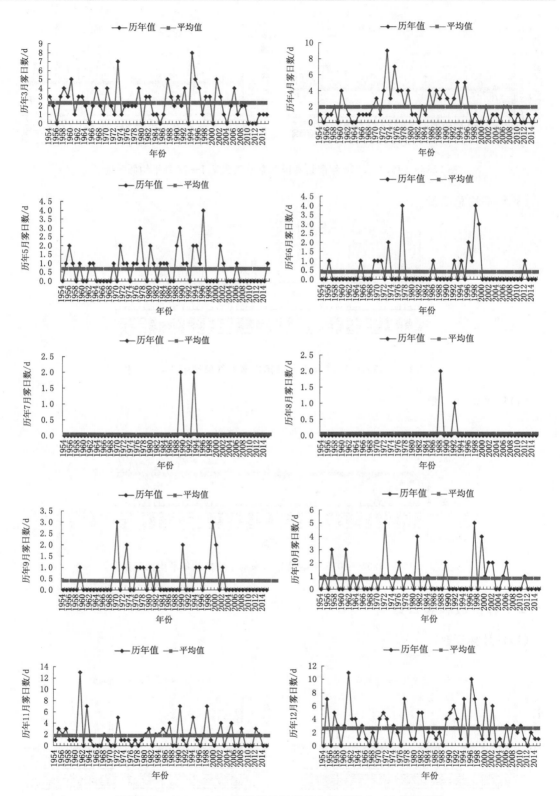

图 2.162　1954—2015 年南昌县国家基本气象站 1—12 月雾日数

（2）各月霾日数

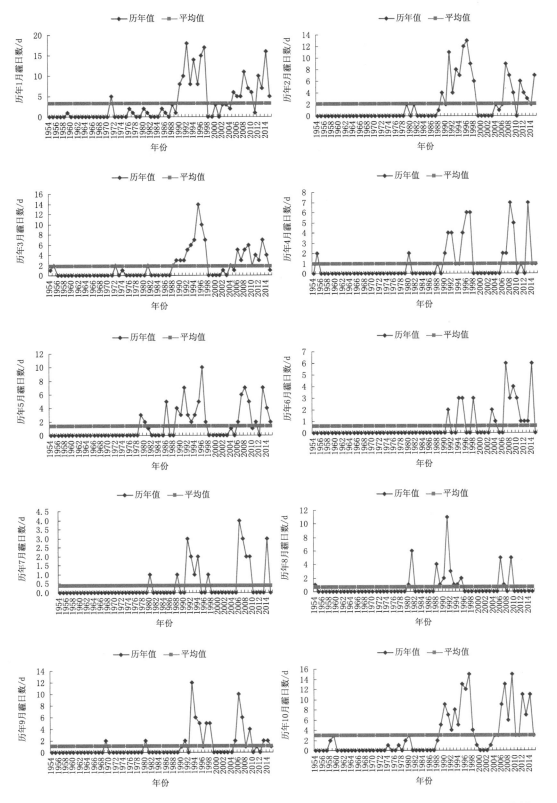

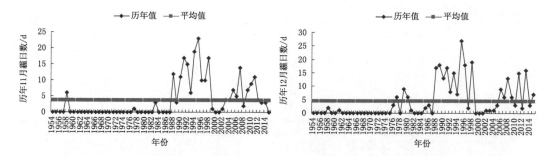

图 2.163　1954—2015 年南昌县国家基本气象站 1—12 月霾日数

（3）年雾日数

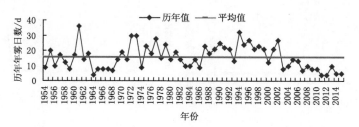

图 2.164　1954—2015 年南昌县国家基本气象站年雾日数

（4）年霾日数

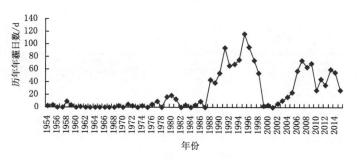

图 2.165　1954—2015 年南昌县国家基本气象站年霾日数

2.5.3　能见度

（1）各月能见度小于 10 km 出现的频率

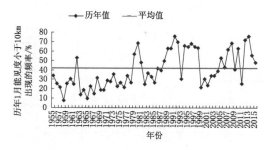

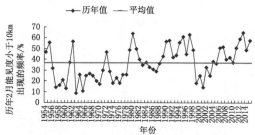

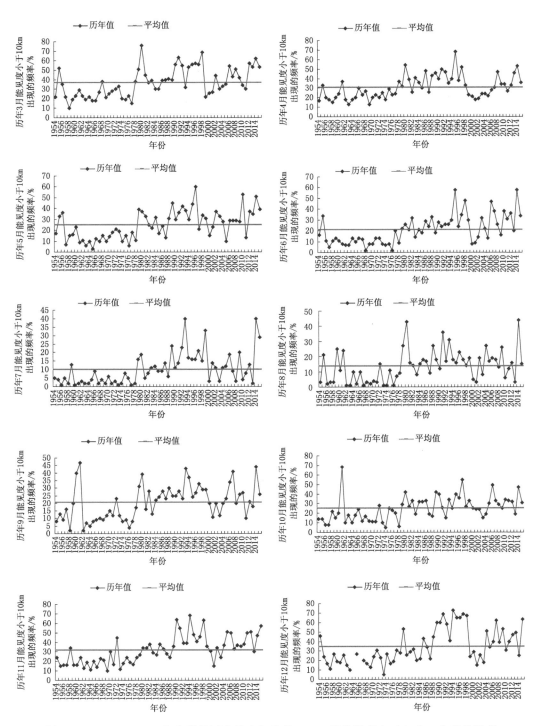

图 2.166　1954—2015 年南昌县国家基本气象站 1—12 月能见度小于 10 km 出现的频率

（2）各月能见度小于 1 km 出现的频率

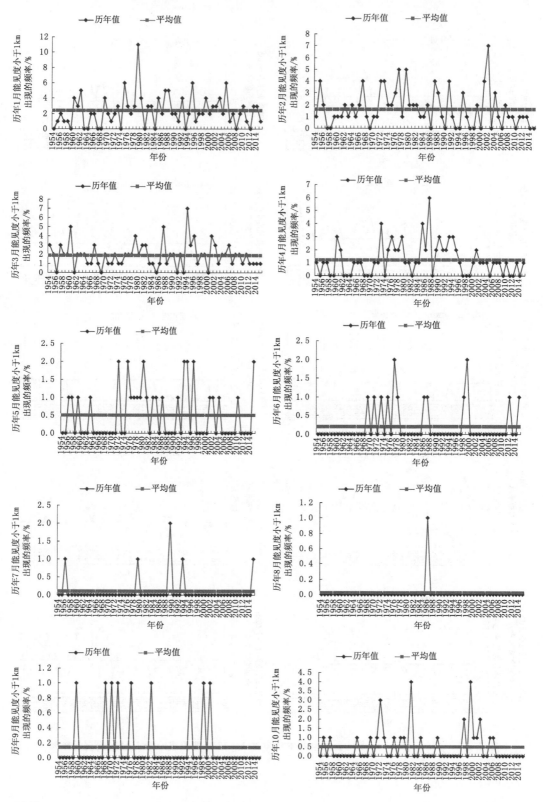

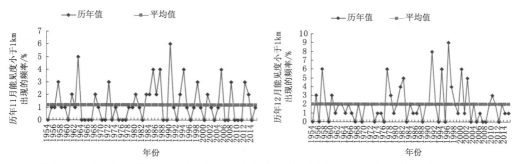

图 2.167　1954—2015 年南昌县国家基本气象站 1—12 月能见度小于 1 km 出现的频率

（3）年能见度小于 10 km 出现的频率

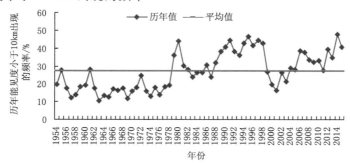

图 2.168　1954—2015 年南昌县国家基本气象站年能见度小于 10 km 出现的频率

（4）年能见度小于 1 km 出现的频率

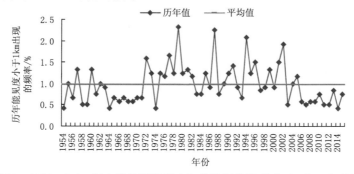

图 2.169　1954—2015 年南昌县国家基本气象站年能见度小于 1 km 出现的频率

2.5.4　雷暴

（1）各月雷暴日数

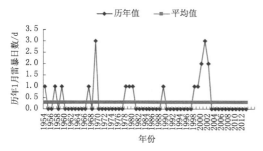

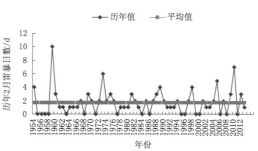

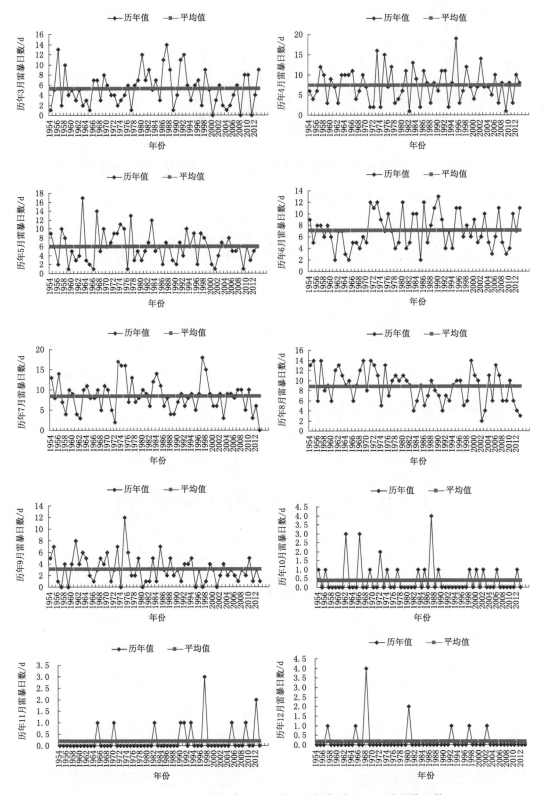

图 2.170 1954—2015 年南昌县国家基本气象站 1—12 月雷暴日数

(2)年雷暴日数

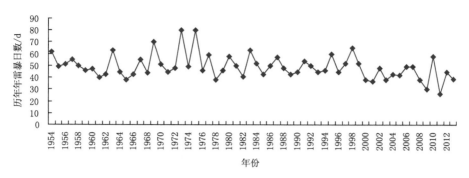

图 2.171　1954—2015 年南昌县国家基本气象站年雷暴日数

(3)雷暴初终日

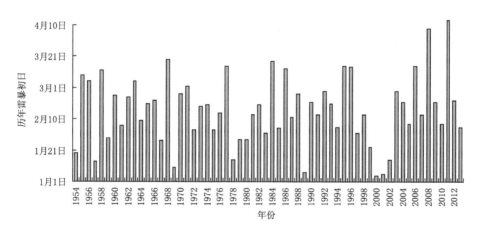

图 2.172　1954—2015 年南昌县国家基本气象站雷暴初日

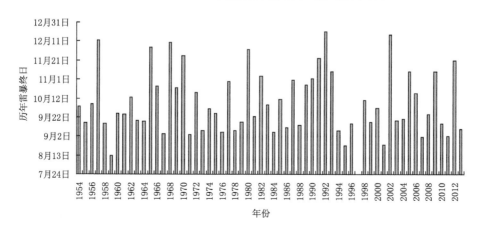

图 2.173　1954—2015 年南昌县国家基本气象站雷暴终日

（4）落雷密度

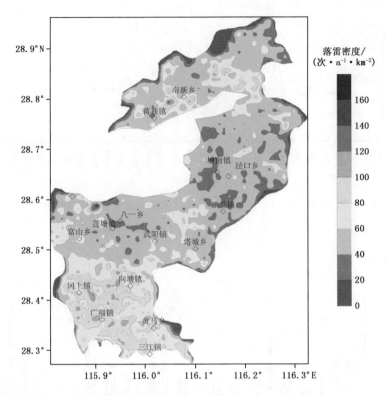

图 2.174　1954—2015 年南昌县国家基本气象站落雷密度

2.5.5　霜日数、霜初终日及年无霜期

（1）各月霜日数

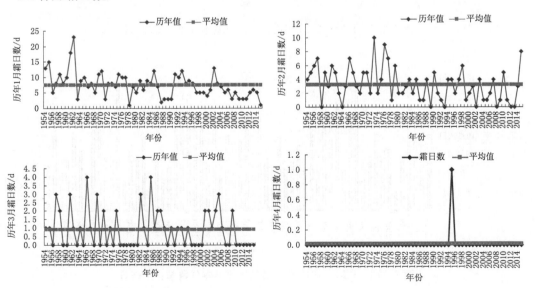

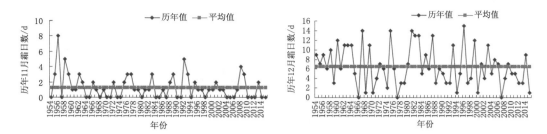

图 2.175　1954—2015 年南昌县国家基本气象站 1—4 月和 11—12 月霜日数

（2）年霜日数

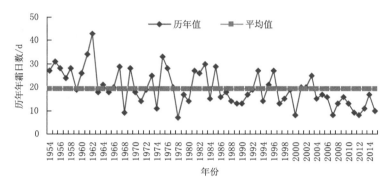

图 2.176　1954—2015 年南昌县国家基本气象站年霜日数

（3）霜初终日

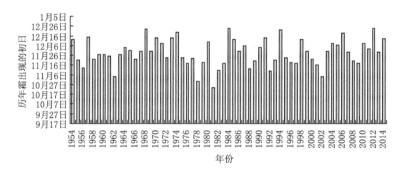

图 2.177　1954—2015 年南昌县国家基本气象站年霜初日

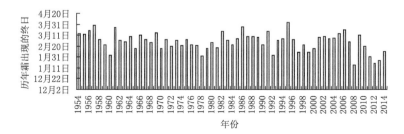

图 2.178　1954—2014 年南昌县国家基本气象站年霜终日

（4）年无霜期

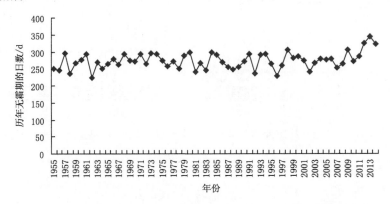

图 2.179　1954—2014 年南昌县国家基本气象站年无霜期

2.5.6　降雪日数、最大积雪深度及初终日

（1）各月降雪日数

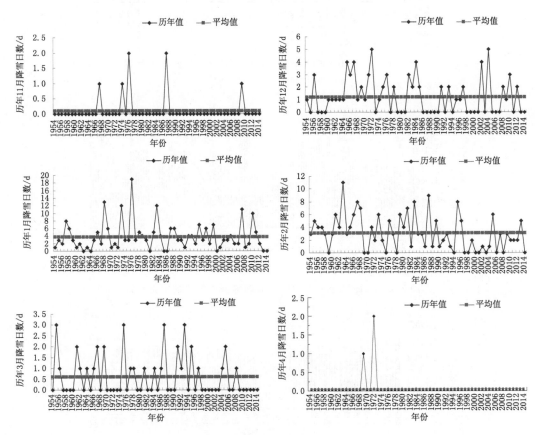

图 2.180　1954—2014 年南昌县国家基本气象站 1—4 月和 11—12 月降雪日数

（2）各月积雪日数

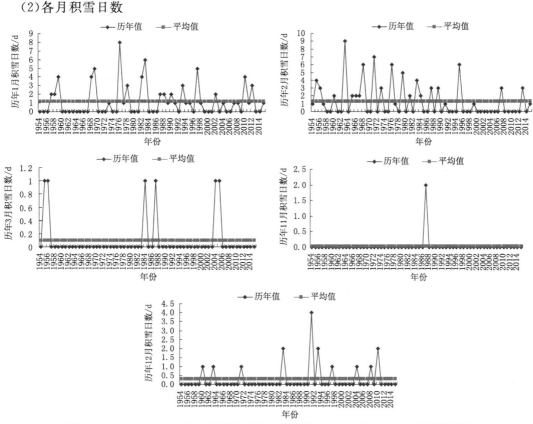

图 2.181　1954—2015 年南昌县国家基本气象站 1—3 月和 11—12 月积雪日数

（3）年最大积雪深度

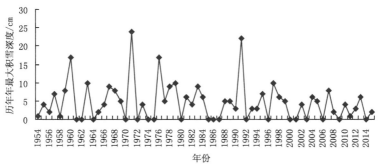

图 2.182　1954—2015 年南昌县国家基本气象站年最大积雪深度

（4）年降雪日数、初日和终日

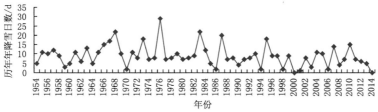

图 2.183　1954—2014 年南昌县国家基本气象站年降雪日数

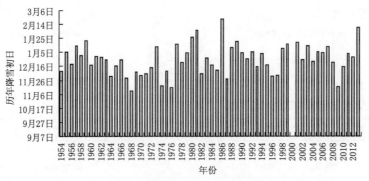

图 2.184　1954—2013 年南昌县国家基本气象站年降雪初日

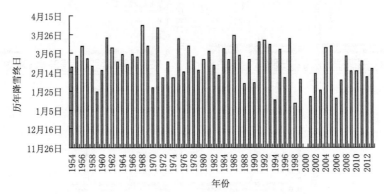

图 2.185　1954—2013 年南昌县国家基本气象站年降雪终日

（5）年积雪日数、初日和终日

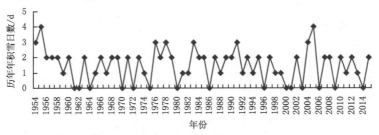

图 2.186　1954—2015 年南昌县国家基本气象站年积雪日数

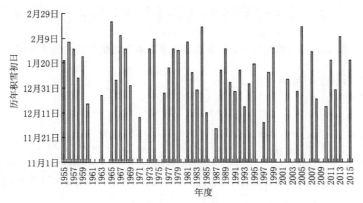

图 2.187　1954—2015 年南昌县国家基本气象站年积雪初日

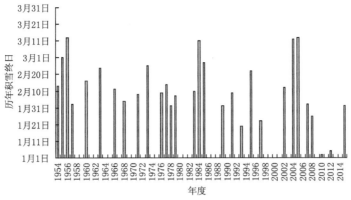

图 2.188　1954—2015 年南昌县国家基本气象站年积雪终日

2.5.7　冰雹日数

（1）各月冰雹日数

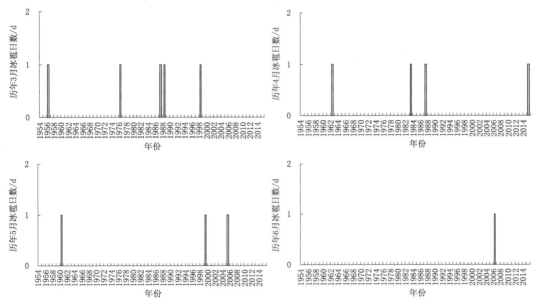

图 2.189　1954—2015 年南昌县国家基本气象站 3—6 月冰雹日数

（2）年冰雹日数

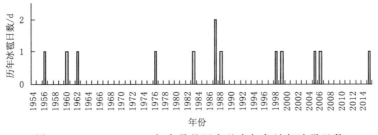

图 2.190　1954—2015 年南昌县国家基本气象站年冰雹日数

2.6 农业气象

2.6.1 主要农作物发育期

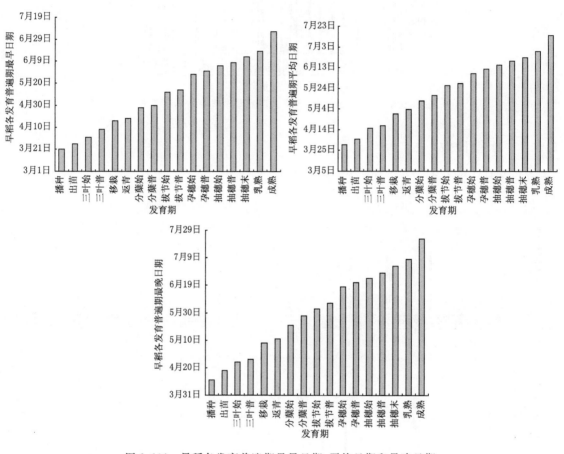

图 2.191 早稻各发育普遍期最早日期、平均日期和最晚日期

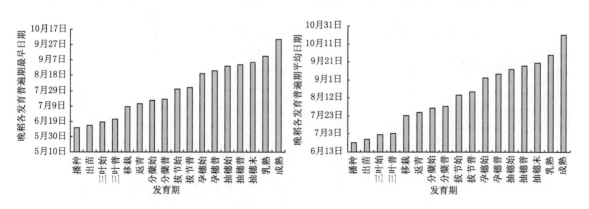

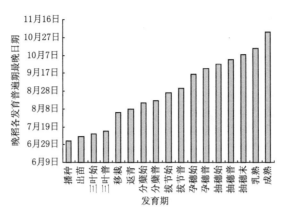

图 2.192　晚稻各发育普遍期最早日期、平均日期和最晚日期

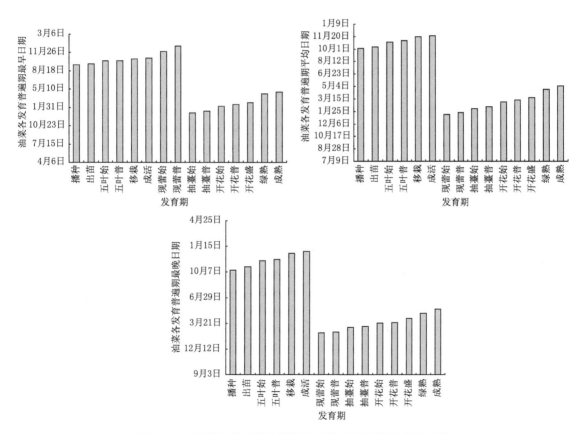

图 2.193　油菜各发育普遍期最早日期、平均日期和最晚日期

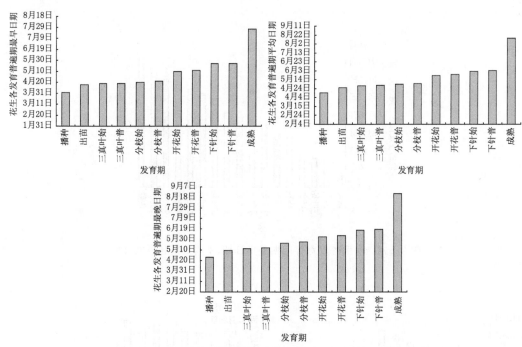

图 2.194　花生各发育普遍期最早日期、平均日期和最晚日期

2.6.2　主要农业气象灾害

（1）春季低温

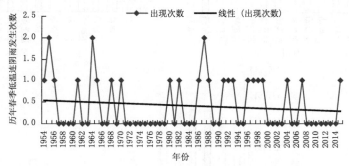

图 2.195　1954—2015 年南昌县国家基本气象站年春季低温连阴雨发生次数

（2）小满寒

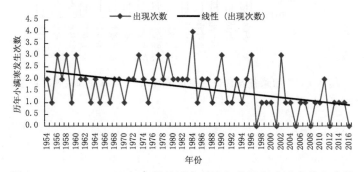

图 2.196　1954—2015 年南昌县国家基本气象站年小满寒发生次数

（3）高温逼熟

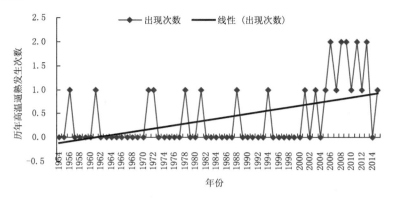

图2.197　1954—2015年南昌县国家基本气象站年高温逼熟发生次数

（4）寒露风

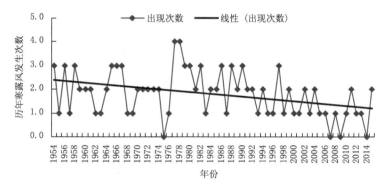

图2.198　1954—2015年南昌县国家基本气象站年寒露风发生次数

（5）干旱

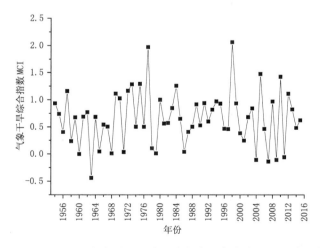

图2.199　1954—2015年南昌县国家基本气象站年气象干旱综合指数变化

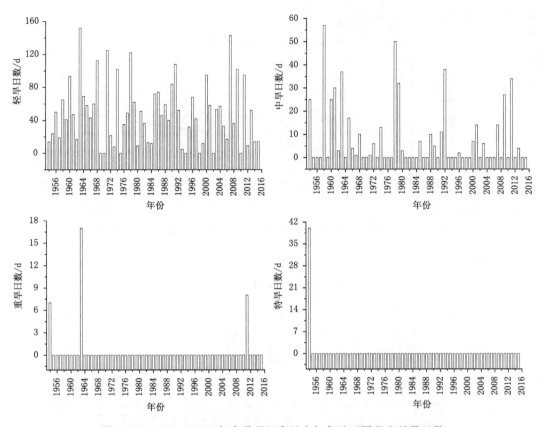

图 2.200　1954—2015 年南昌县国家基本气象站不同程度干旱日数

2.6.3　农业气象灾害风险区划

(1)早稻小满寒

图 2.201　南昌县早稻小满寒灾害风险区划

（2）晚稻寒露风

图 2.202　南昌县晚稻寒露风灾害风险区划

（3）油菜低温冻害

图 2.203　南昌县油菜低温冷害风险区划

（4）西瓜春季低温

图 2.204　南昌县西瓜春季低温灾害风险区划

2.7　气象灾害风险区划

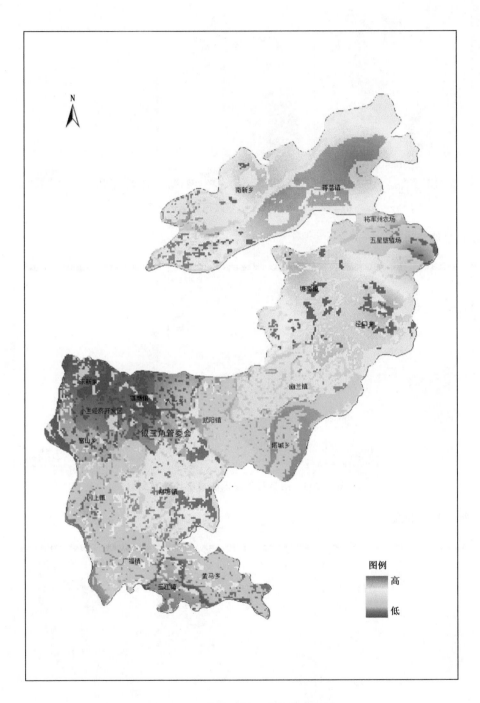

图 2.205　南昌县低温冻害风险区划

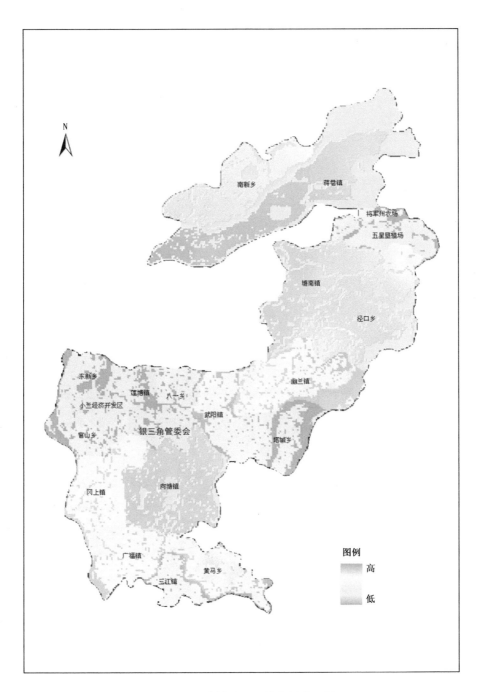

图 2.206   南昌县高温热害风险区划

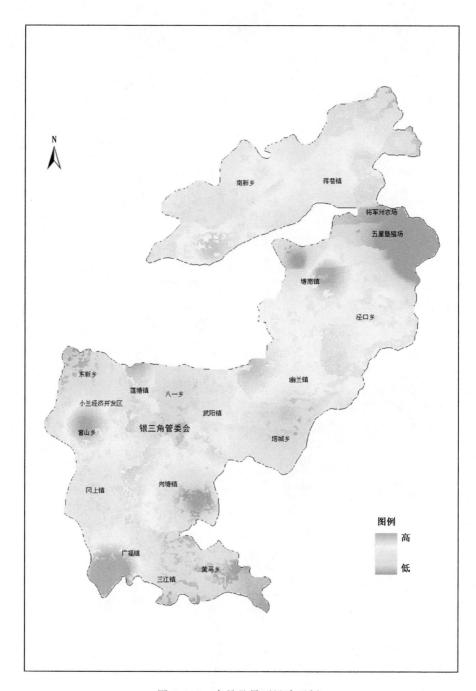

图 2.207　南昌县暴雨风险区划

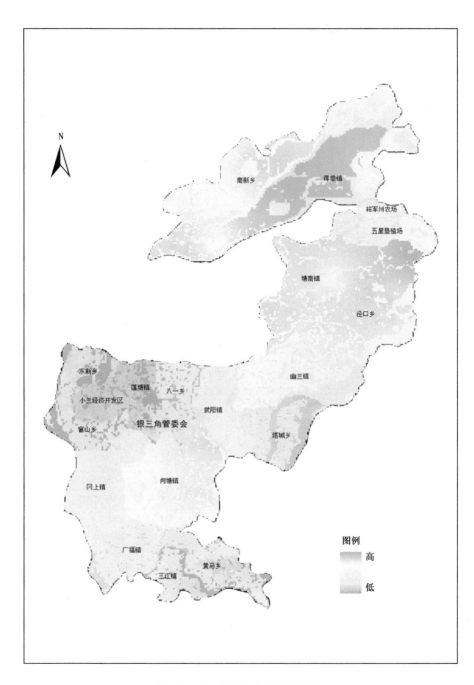

图 2.208　南昌县干旱风险区划

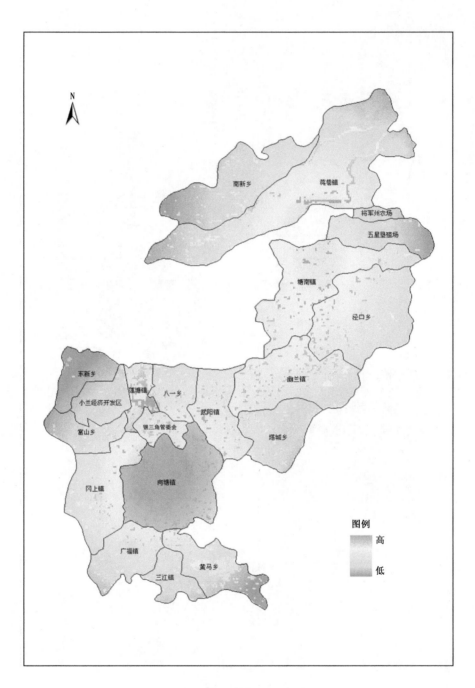

图 2.209　南昌县雷电灾害风险区划

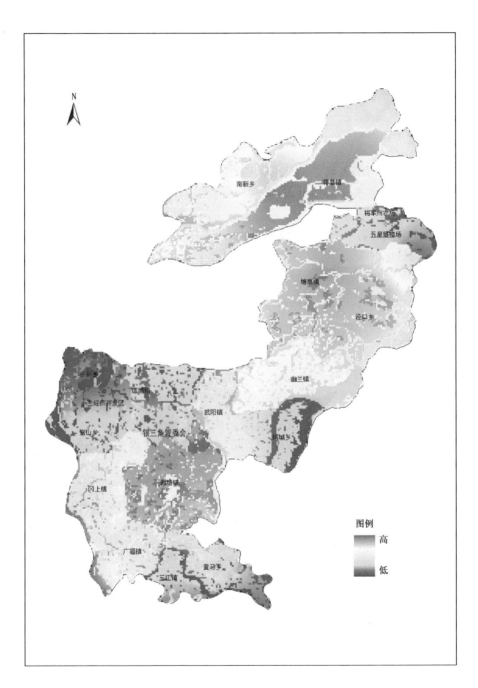

图 2.210　南昌县气象灾害综合风险区划

第3章 南昌县气候概述

3.1 气候概况

南昌县属于亚热带湿润气候,气候温和,四季分明,雨水充沛,日照充足。由于受地理位置及季风的影响,形成了"春季多雨伴低温,春末初夏多洪涝,盛夏酷热又干旱,秋高气爽雨水少,冬季寒冷霜期短"的气候特点。

南昌县年平均气温 17.9 ℃,极端最高气温 40.7 ℃(1988 年),极端最低气温－13.9 ℃(1991 年),年平均日照时数 1655.4 h,年平均降水量 1618.9 mm,无霜期 273.9 d;年平均雷暴日数 49.0 d,年平均暴雨日数 4.0 d,最长无雨日数 52.0 d。主要气象灾害有洪涝、干旱、雷电、大雾及霜冻。

3.2 热量资源

3.2.1 平均气温

(1)各月平均气温

图 2.1 显示,1954—2015 年南昌县各月平均气温均呈不同程度增加的趋势,但增长幅度不同,增幅最大的为 2 月和 10 月,幅度分别为 0.44 ℃/10a 和 0.42 ℃/10a,增幅最小的为 7 月和 8 月,幅度分别为 0.07 ℃/10a 和 0.02 ℃/10a。

在增长趋势方面,4 月、9 月和 11 月,前 30 年(1954—1983 年,下同)月平均气温基本未增加,近 32 年(1984—2015 年,下同)月平均气温增加显著,幅度分别为 0.64 ℃/10a、0.59 ℃/10a 和 0.44 ℃/10a。近 62 年(1954—2015 年,下同)2 月、3 月、5 月、6 月和 10 月平均气温一直稳步增加。

(2)年平均气温

由图 2.2 可见,前 30 年南昌县年平均气温无显著变化趋势,近 32 年南昌县年平均气温稳步上升,增幅为 0.49 ℃/10a。年平均气温最高值出现在 2007 年,为 19.2 ℃;年平均气温最低值出现在 1956 年,为 16.8 ℃。

(3)区域自动气象站各月平均气温

由图 2.3 可见,2006—2015 年南昌县各月平均气温空间分布为南高北低,泾口乡以北的区域温度明显低于以南的区域,幅度在 1.1℃左右。平均气温最高的区域主要集中在南昌县城区域、小兰、冈上镇,以及广福等乡镇;东部和东南部受鄱阳湖影响,平均温度相对较低。

(4)区域自动气象站年平均气温

由图 2.4 可见,2006—2015 年南昌县年平均气温空间分布为南高北低,泾口乡以北的区域温度明显低于以南的区域,幅度在 1.1℃ 左右。年平均气温最低的为蒋巷北端,平均气温为 18.0℃ 左右;最高的区域主要集中在小兰、冈上、广福一线的乡镇,东南部乡镇受鄱阳湖影响,年平均温度相对较低。

3.2.2 平均气温日较差

(1)各月平均气温日较差

由 1954—2015 年南昌县月平均气温日较差的变化趋势可见(图 2.5),各月平均气温日较差的变化趋势不一致,4—7 月呈增大的趋势,其余月份呈减小的趋势;5 月和 6 月平均气温日较差增大较明显,增加幅度分别为 0.20 ℃/10a 和 0.10 ℃/10a;1 月平均气温日较差减小幅度最大,达−0.30 ℃/10a;3 月、7 月和 8 月平均气温日较差无明显变化。近 62 年南昌县 7 月平均气温日较差最大,达 7.9 ℃,2 月平均气温日较差最小,为 6.4 ℃。

(2)年平均气温日较差

由图 2.6 可见,1954—2015 年南昌县年平均气温日较差总体呈减小的趋势,减小幅度为 0.04 ℃/10a。年平均气温日较差最大值出现在 1963 年,达 8.9 ℃,最小值出现在 2012 年,为 6.2 ℃。

(3)平均气温年较差

由图 2.7 可见,近 62 年南昌县平均气温年较差在 2000 年前后有一个转折点,2000 年以前平均气温年较差呈显著减小的趋势,下降幅度为 0.80 ℃/10a;2000 年以后平均气温年较差呈增大的趋势,增幅为 0.50 ℃/10a,平均气温年较差增大表明极端温度事件的发生频率将增加。近 62 年南昌县平均气温年较差最高值出现在 1977 年,达 28.7 ℃;最低值出现在 1999 年,为 20.3 ℃。

3.2.3 最高气温

(1)各月平均最高气温

由图 2.8 可见,1954—2015 年南昌县 5 月平均最高气温增长最快,增加幅度为 0.5 ℃/10a,近 62 年南昌县 5 月平均最高气温一直稳定增长;其次为 2 月,温增幅为 0.4 ℃/10a。1 月、7 月、8 月和 12 月平均最高气温则基本没有增加。

近 62 年南昌县 4 月和 10 月平均最高气温的增长趋势一致,前 40 年(1954—1993 年,下同)月平均最高气温无明显变化,近 22 年(1994—2015 年,下同)月平均最高气温开始显著增加。3 月和 9 月平均最高气温的增长趋势一致,前 30 年月平均最高气温呈下降趋势,近 32 年月平均最高气温明显增加。近 62 年来,6 月和 11 月平均最高气温呈稳步增加的趋势。显然,从 60 年时间尺度来看,南昌县 5 月平均最高气温增加最明显;从 30 年时间尺度来看,近 32 年南昌县 3 月平均最高气温增加最显著。

(2)年平均最高气温

由图 2.9 可见,1954—2015 年南昌县年平均最高气温总体呈增加的趋势,增幅为 0.2 ℃/10a。分段来看,前 30 年年平均最高气温呈微弱下降的趋势(−0.09 ℃/10a),近 32 年年平均最高气温增加显著,增幅为 0.5 ℃/10a。

(3)各月各级日最高气温日数

由图 2.10 可见,1954—2015 年南昌县 1 月日最高气温≥20 ℃ 日数最少,为 0.3 d,1979

年1月日最高气温≥20 ℃日数最多,为3.0 d。7月和8月日最高气温全部大于20.0 ℃,6月和9月仅少数年份出现1.0～2.0 d日最高气温低于20.0 ℃的情况。另外,前30年南昌县3月日最高气温≥20 ℃日数呈减少的趋势,近32年日最高气温≥20 ℃日数呈显著增加的趋势。近62年南昌县4月、5月和10月日最高气温≥20 ℃日数一直呈显著增加的趋势。

由图2.11可见,1954—2015年南昌县1月和12月日最高气温≥25 ℃日数最少,均只有一年出现了日最高气温≥25 ℃的情况;7月和8月大部分日最高气温均大于25 ℃,8月日最高气温≥25 ℃日数最多。另外,前30年南昌县3月日最高气温≥25 ℃日数呈减少的趋势,近32年日最高气温≥25 ℃日数呈显著增加的趋势。近62年南昌县5月和10月日最高气温≥25 ℃日数一直呈显著增加的趋势。

由图2.12可见,1954—2015年南昌县1月、2月和12月均未出现日最高气温≥30 ℃的情况,3月和11月仅少数年份出现日最高气温≥30 ℃的情况。7月和8月日最高气温≥30 ℃日数最多,分别为27.5 d和26.6 d。从变化趋势来看,近62年南昌县5月和9月日最高气温≥30 ℃日数呈显著增加的趋势。

由图2.13可见,1954—2015年南昌县1月、2月、3月、4月、11月和12月均未出现日最高气温≥35 ℃的情况,5月和10月仅少数年份出现日最高气温≥35 ℃的情况,10月仅有3年出现日最高气温≥35 ℃的情况。7月和8月日最高气温≥35 ℃日数最多,平均值分别为13.0 d和9.3 d。从变化趋势来看,近30年南昌县6月日最高气温≥35 ℃日数显著增多。

由图2.14可见,1954—2015年南昌县仅7月和8月出现日最高气温≥40 ℃的情况,有5年7月出现日最高气温≥40 ℃的情况,出现在1988—2000年之间;有2年8月出现日最高气温≥40 ℃的情况,出现在2010—2015年之间。

(4)年各级日最高气温日数

由图2.15可见,1954—2015年南昌县年日最高气温≥20 ℃日数平均值为214.8 d,总体呈增加的趋势,增幅为2.9 d/10a。前30年日最高气温≥20 ℃日数增长缓慢,近32年日最高气温≥20 ℃日数则显著增加,增幅达8.0 d/10a。

由图2.16可见,1954—2015年南昌县年日最高气温≥25 ℃日数平均值为158.5 d,总体呈增加的趋势,增幅为4.0 d/10a。同样前30年日最高气温≥25 ℃日数增长缓慢,近32年日最高气温≥25 ℃日数显著增加,增幅达8.8 d/10a。

由图2.17可见,1954—2015年南昌县年日最高气温≥30 ℃日数平均值为90.0 d,总体呈增加的趋势,增幅为2 d/10a。前30年日最高气温≥30 ℃日数无明显增加趋势,近32年日最高气温≥30 ℃日数增幅为2.2 d/10a。

由图2.18可见,1954—2015年南昌县年日最高气温≥35 ℃日数平均值为26.1 d,总体呈增加的趋势,增幅为2.4 d/10a。

由图2.19可见,1954—2015年南昌县年日最高气温≥40 ℃日数平均值为0.2 d,全部出现在1988年后。2013年日最高气温≥40 ℃日数最多,达3.0 d。

(5)区域自动气象站各月各级日最高气温日数

由图2.20可见,2006—2015年南昌县日最高气温≥35 ℃的情况只出现在5—9月。除五星农村以外,塔城以北的区域日最高气温≥35 ℃的天数明显少于南部,高值区主要分布在小兰、冈上、广福和黄马一线的乡镇。

由图2.21可见,2006—2015年南昌县日最高气温≥38 ℃日数同样只在5—9月有分布。

5月、6月和9月日数最少,基本为0.1 d左右。7月和8月呈南高北低的趋势,北部在0.3～0.4 d左右,南部基本在1.2 d以上。

由图2.22可见,2006—2015年南昌县只在6—8月有日最高气温≥40 ℃的情况出现。6月、7月基本为0.1 d左右,7月份黄马区域最高,达0.8 d左右。8月大部分区域为0.1 d左右,南部的冈上、南昌县城较高,达0.2 d左右,黄马和五星农场最高,达1.1 d左右。

(6)区域自动气象站年各级日最高气温日数

由图2.23可见,2006—2015年南昌县日最高气温≥35 ℃日数呈南多北少的趋势,南部在30.0 d以上,北部在20.0 d以下。除五星农村以外,泾口乡以北的区域日最高气温≥35 ℃的日数明显少于塔城以南的区域,低值区为蒋巷玉丰、塘南北星;高值区主要分布在小兰、冈上、广福和黄马一线的乡镇;五星农场日最高气温≥35 ℃日数最多。

2006—2015年南昌县日最高气温≥38 ℃日数也呈南多北少的趋势,南部在3.0 d以上,北部在2.0 d以下。除五星农村以外,泾口乡以北的区域日最高气温≥38 ℃的日数明显少于塔城以南的区域,低值区为蒋巷玉丰、南新丰洲;高值区主要分布在南昌县城、小兰、冈上,以及黄马;黄马和五星农场日最高气温≥38 ℃日数最多,均在7.0 d以上。

2006—2015年南昌县日最高气温≥40 ℃日数大部分区域为0.2～0.4 d,五星农村和黄马东山门两处最高,均在2.0 d以上。

(7)累年各月日最高气温概率界限值

图2.24显示,累年各月日最高气温1%概率界限值1月份为20.9 ℃,12月份为21.3 ℃,7月和8月相当,分别达38.8 ℃和39.1 ℃。全年值为37.6 ℃。

累年各月日最高气温5%概率界限值1月份为17.5 ℃,12月份为18.8 ℃,7月和8月相当,分别为37.8 ℃和37.6 ℃。全年值为35.6 ℃。

3.2.4　最低气温

(1)各月平均最低气温

由图2.25可见,1954—2015年南昌县2月和10月平均最低气温增幅最大,增加幅度平均为0.5 ℃/10a;其次为1月,月平均最低气温增加幅度为0.4 ℃/10a;再次为3月和11月,月平均最低气温增加幅度均为0.3 ℃/10a。近62年南昌县6月、7月和8月平均最低气温无明显增加,8月平均最低气温的增幅最小。

近62年南昌县1月、2月、5月、10月和12月平均最低气温呈稳步上升的趋势,前40年3月、4月、6月、8月、9月和11月平均最低气温无明显变化,近22年月平均最低气温明显增加。

(2)年平均最低气温

近62年南昌县年平均最低气温的变化趋势与月平均最低气温的变化趋势基本一致(图2.26),1954—1996年年平均最低气温保持稳定,基本无增加,1996—2015年年平均最低气温大幅上升,增幅达0.7 ℃/10a。

(3)各月各级日最低气温日数

由图2.27可见,1954—2015年南昌县4—10月均无日最低气温≤0 ℃的情况出现,有10年3月出现了日最低气温≤0 ℃,有7年11月出现了日最低气温≤0 ℃,最多出现日数均仅为1.0～4.0 d。从变化趋势来看,近62年南昌县1月、2月和12月日最低气温≤0 ℃日数一直呈减少的趋势,1月减少幅度最大,为1.3 d/10a。

由图 2.28 可见,1954—2015 年南昌县 4—10 月均无日最低气温≤−2 ℃的情况出现,仅有 1 年 3 月和 11 月出现日最低气温≤−2 ℃的情况,且均为 1.0 d。从变化趋势来看,近 62 年南昌县 1 月、2 月和 12 月日最低气温≤−2 ℃日数一直呈减少的趋势,1 月减少幅度最大,为 0.9 d/10a。

由图 2.29 可见,1954—2015 年南昌县 3—11 月均无日最低气温≤−5 ℃的情况出现。1 月日最低气温≤−5 ℃的情况均出现在 1980 年以前,1980 年之后均未出现;2 月日最低气温≤−5 ℃的情况均出现在 1990 年以前,1990 年之后均未出现;12 月日最低气温≤−5 ℃的情况仅在 1990 年(2.0 d)和 1999 年(1.0 d)出现。

由图 2.30 可见,1954—2015 年南昌县 1—11 月均无日最低气温≤−10 ℃的情况出现。12 月日最低气温≤−10℃的情况仅在 1991 年出现过一次(1.0 d,−13.9 ℃,历史最低)。

(4)年各级日最低气温日数

由图 2.31 可见,1954—2015 年南昌县年日最低气温≤0 ℃日数平均值为 16.1 d,总体呈持续减少的趋势,减少幅度为 2.8 d/10a。近 32 年大部分年份日最低气温≤0 ℃日数在平均线以下。

由图 2.32 可见,1954—2015 年南昌县年日最低气温≤−2 ℃日数平均值为 4.9 d,总体呈持续减少的趋势,减少幅度为 1.4 d/10a。近 32 年大部分年份日最低气温≤−2 ℃日数在平均线以下。

由图 2.33 可见,1954—2015 年南昌县年日最低气温≤−5 ℃日数平均值为 0.6 d,总体呈持续减少的趋势,减少幅度为 0.3 d/10a。2000 年以后未出现日最低气温≤−5 ℃的情况。

由图 2.34 可见,1954—2015 年南昌县年日最低气温≤−10 ℃的情况仅在 1991 年出现过 1.0 d,日最低气温为历史极值(极小值)。

(5)区域自动气象站各月日最低气温≤0 ℃日数

由图 2.35 可见,2006—2015 年南昌县日最低气温≤0 ℃的情况只出现在 12 月至翌年 2 月。日最低气温≤0 ℃日数泾口乡以北明显大于以南的区域;1 月份泾口乡以北日最低气温≤0 ℃日数在 11.0 d 以上,南部以 6～7 d 为主;2 月份泾口乡以北日最低气温≤0 ℃日数在 3.0 d 以上,南部在 2.0 d 以下;12 月份泾口乡以北日最低气温≤0 ℃日数在 5.0 d 以上,南部在 3.0 d 以下。

(6)区域自动气象站年各级日最低气温日数

由图 2.36 可见,2006—2015 年南昌县年日最低气温≤0 ℃的日数南少北多。泾口乡以北的区域年日最低气温≤0 ℃的日数在 12.0 d 以上,泾口乡以南的区域主要为 6～9 d。年日最低气温≤0 ℃的日数最多的为蒋巷的北端,在 15.0 d 以上,最少的为冈上镇,为 6.4 d 左右。

(7)累年各月日最低气温概率界限值

图 2.37 显示,累年各月日最低气温 1%概率界限值 1 月为−5 ℃,2 月和 12 月相当,分别为−3.4 ℃和−3.5 ℃,7 月和 8 月相当,分别达 21.4 ℃和 21.2 ℃。全年为−2.4 ℃。

累年各月日最低气温 5%概率界限值 1 月为−2.9℃,2 月和 12 月相当,分别为−1.4 ℃和−1.6 ℃,7 月最高,为 23.3 ℃。全年为 0.2 ℃。

3.2.5 极端最高气温

(1)各月极端最高气温

由图 2.38 可见,1954—2015 年南昌县 1—11 月极端最高气温均呈增加的趋势,2 月和 11

月极端最高气温增长最明显,其次为 5 月和 6 月。2 月极端最高气温增幅最大,达 0.8 ℃/10a;1 月极端最高气温增幅最小。12 月极端最高气温呈微弱下降的趋势。

(2)年极端最高气温

由图 2.39 可见,1954—2015 年南昌县年极端最高气温呈上升的趋势,增幅为 0.2 ℃/10a。年极端最高气温极大值出现在 1988 年,达 40.7 ℃,极小值出现在 1997 年,为 35.9 ℃。

(3)各月极端最高气温出现日期

由图 2.40 可见,1954—2015 年南昌县 1 月和 2 月极端最高气温出现日期无极性,在整个月时段内基本呈均匀分布。3—5 月极端最高气温出现日期主要分布在月中旬。6 月和 7 月极端最高气温主要分布在下旬。8—12 月极端最高气温主要在上旬。

(4)年极端最高气温出现日期

由图 2.41 可见,1954—2015 年南昌县年极端最高气温出现日期呈提前的趋势,气候倾向率为 3.0 d/10a。近 62 年南昌县极端最高气温最早出现的日期为 6 月 29 日(2015 年),最晚出现的日期为 9 月 13 日(1974 年)。

(5)区域自动气象站月极端最高气温

由图 2.42 可见,2006—2015 年南昌县 1 月极端最高气温大部分区域在 24.0 ℃以上,最高的为五星农场,达 27.2 ℃。2 月极端最高气温大部分区域在 27.0 ℃以上,最高的为广福、三江、黄马一线的乡镇以及南昌县城区域,达 29.0 ℃。3 月极端最高气温泾口乡以南的区域在 32 ℃以上,以北的区域在 30.0 ℃以下,最高的在黄马一带,达 33.3 ℃。4—6 月极端最高气温分布相似,泾口乡以南的区域明显高于以北的区域,最高的在冈上、广福一带,最低的分布在蒋巷北端,4—6 月极端最高气温分别在 31.7 ℃、34.2 ℃和 36.6 ℃以上。7 月极端最高气温基本在 37.4 ℃以上,低值区分布在蒋巷玉丰和蒋巷水管,黄马南端最高。8 月极端最高气温基本在 38.5 ℃以上,低值区分布在蒋巷玉丰、南新丰洲和泾口杨芳,五星农场和黄马南端最高。9 月极端最高气温基本在 35.6 ℃以上,低值区分布在蒋巷水管和塘南港头,五星农场、泾口东端和黄马南端最高。10 月极端最高气温基本在 31.6 ℃以上,低值区分布在泾口以北的区域,向塘剑霞最高。11 月极端最高气温基本在 30.7 ℃以上,低值区分布在蒋巷玉丰和南新丰洲,广福最高。12 月极端最高气温基本在 20.3 ℃以上,低值区分布在蒋巷北端,黄马东山门最高。

(6)区域自动气象站年极端最高气温

由图 2.43 可见,2006—2015 年南昌县年极端最高气温基本在 38.6 ℃以上。北部的蒋巷玉丰、蒋巷水管、南新丰洲最低,在 38.6 ℃左右;高值区分布在五星农场、黄马东山门、泾口东端,以及小兰、冈上一带,均在 40.7 ℃以上。

3.2.6　极端最低气温

(1)各月极端最低气温

由图 2.44 可见,1954—2015 年南昌县 7 月和 8 月极端最低气温均无明显增加或降低的趋势。10 月极端最低气温增加幅度最大,达 0.7 ℃/10a,其次为 11 月和 1 月。

(2)各月极端最低气温出现日期

由图 2.45 可见,1954—2015 年南昌县 1 月极端最低气温出现日期在整个月时段内基本呈均匀分布。1 月极端最低气温出现日期主要分布在中旬,2—6 月极端最低气温出现日期主要分布在上旬,7月极端最低气温出现日期主要分布在上中旬。8月极端最低气温出现日期分布在中下旬,9—12月极端最低气温出现日期主要分布在下旬。

(3)年极端最低气温

由图2.46可见,1954—2015年南昌县年极端最低气温呈逐年上升的趋势,增幅为0.5 ℃/10a。年极端最低气温极大值出现在2015年,为−0.1 ℃,极小值出现在1991年,为−13.9 ℃。

(4)年极端最低气温出现日期

图2.47显示,1954—2015年南昌县年极端最低气温出现日期呈提前的趋势,气候倾向率为0.8 d/10a。近62年南昌县极端最低气温最晚出现的日期为2月25日(1974年),最早出现的日期为12月12日(1954年和1985年)。

(5)区域自动气象站月极端最低气温

由图2.48可见,2006—2015年南昌县1月极端最低气温大部分区域在−4.0 ℃以上,最高的为八一涂埠,达−2.7 ℃左右,最低的为黄马东山门,达−4.7 ℃左右。2月极端最低气温大部分区域在−4.9 ℃以上,最高的为五星农场和冈上,达−2.5 ℃左右,最低的为广福宋洲,达−5.8 ℃左右。3月极端最低气温大部分区域在−0.4 ℃以上,最高的为五星农场和冈上镇,达1.1 ℃左右。4月极端最低气温大部分区域在5.4 ℃以上,最高的为五星农场,达5.8 ℃左右。5月极端最低气温大部分区域在12.3 ℃以上,最高的为南昌县城区域,达12.7 ℃左右。6月极端最低气温大部分区域在17.4 ℃以上,北部的蒋巷和南部大部分乡镇为18.2 ℃,中部塔城、泾口和五星农场以及南端的黄马次之,为17.4 ℃左右,泾口东端最低,为9.4 ℃。7月极端最低气温绝大部分区域在18.1 ℃左右,泾口东端最低,低于5.0 ℃。8月极端最低气温大部分区域在19.1 ℃以上,最低的区域为南新丰洲和塘南港头,达19.1 ℃左右,最高的区域为五星农场、南昌县城区域、小兰和冈上,达20.2 ℃。9月极端最低气温大部分区域在13.4 ℃以上,最低的区域为五星农场,在12.2~12.8 ℃之间,最高的在小兰一带,达15.5 ℃左右。10月极端最低气温大部分区域在8.0~9.5 ℃之间,最高的区域为八一涂埠和南昌县城区域,达9.1 ℃左右。11月极端最低气温大部分区域在−0.6 ℃以上,最低的区域为塘南北星,在−1.2~−1.0 ℃之间,最高的在小兰、冈上、广福一带,在0.6~0.8 ℃之间。12月极端最低气温大部分区域在−4.7~−4.3 ℃之间,最低的区域在塘南北星和蒋巷玉丰一带,为−4.5 ℃左右,最高的在南昌县城、小兰、冈上、广福一带,在−3.9~−3.7 ℃之间。

(6)区域自动气象站年极端最低气温

由图2.49可见,2006—2015年南昌县年极端最低气温大部分区域在−5.4~−3.8 ℃之间。低值区主要分布在南端的广福宋洲、黄马东山门一带,在−6.0~−5.4 ℃之间;高值区分布在五星农场、泾口、塔城和武阳一带,以及蒋巷的西北边界区域,在−4.0~−3.8 ℃之间。

3.2.7 积温与界限温度

(1)日平均气温稳定通过各级界限温度起止日期

由图2.50可见,1954—2015年南昌县日平均气温稳定通过10 ℃平均起始日期在3月20日,呈提前的趋势,提前幅度为1.8 d/10a,而近32年提前趋势尤为显著,提前幅度达6.0 d/10a。日平均气温稳定通过10 ℃平均终止日期在11月22日,呈推后的趋势,推后幅度为1.0 d/10a。

由图 2.51 可见,1954—2015 年南昌县日平均气温稳定通过 15 ℃平均起始日期在 4 月 13 日,近 62 年一直呈提前的趋势,提前幅度为 2.6 d/10a。日平均气温稳定通过 15 ℃平均终止日期在 11 月 1 日,呈推后的趋势,推后幅度为 0.9 d/10a。

由图 2.52 可见,1954—2015 年南昌县日平均气温稳定通过 20 ℃平均起始日期在 5 月 10 日,近 62 年一直呈提前的趋势,提前幅度为 2.4 d/10a。日平均气温稳定通过 20 ℃平均终止日期在 10 月 5 日,呈推后的趋势,推后幅度为 1.3 d/10a。

由图 2.53 可见,1954—2015 年南昌县日平均气温稳定通过 22 ℃平均起始日期在 5 月 25 日,近 62 年一直呈提前的趋势,提前幅度为 0.6 d/10a(剔除异常点 2015 年,幅度为 1.4 d/10a)。日平均气温稳定通过 20 ℃平均终止日期在 9 月 23 日,呈推后的趋势,推后幅度为 0.8 d/10a。相对而言,近 62 年来南昌县气温稳定通过 22 ℃的起止日期较稳定,变化幅度最小。

(2)日平均气温稳定通过各级界限温度有关统计值

由图 2.54 可见,1954—2015 年南昌县日平均气温稳定通过 10 ℃平均起止日数为 248.2 d,总体呈增加的趋势,增幅为 2.8 d/10a;近 32 年日平均气温稳定通过 10 ℃起止日数增长更显著,增幅达 7.6 d/10a。近 62 年来南昌县日平均气温稳定通过 10 ℃起止日期间平均积温为 5634.2 ℃·d,与起止日数增加对应,积温也显著增加,增幅为 88.6 ℃·d/10a;近 32 年日平均气温稳定通过 10 ℃起止日期间积温的增长同样更显著,增幅达 205.4 ℃·d/10a。近 62 年来南昌县日平均气温稳定通过 10 ℃起止日期间平均降水量为 1246.4 mm,呈增加的趋势,增幅为 15.8 mm/10a。近 62 年来南昌县日平均气温稳定通过 10 ℃起止日之间平均总日照时数为 1296.1 h,呈大幅下降的趋势,降幅为 32.8 h/10a。

由图 2.55 可见,1954—2015 年南昌县日平均气温稳定通过 15 ℃平均起止日数为 202.2 d,近 62 年一直呈增加的趋势,增幅为 3.5 d/10a。近 62 年来南昌县日平均气温稳定通过 15 ℃起止日期间的平均积温为 4982.0 ℃·d,与起止日数增加对应,积温也呈持续增加的趋势,增幅为 108.4 ℃·d/10a。近 62 年来南昌县日平均气温稳定通过 15 ℃起止日期间平均降水量为 1036.9 mm,呈非显著性增加的趋势,增幅为 23.1 mm/10a。近 62 年来南昌县日平均气温稳定通过 15 ℃起止日期间平均总日照时数为 1133.2 h,呈大幅下降的趋势,降幅为 26.5 h/10a。

由图 2.56 可见,1954—2015 年南昌县日平均气温稳定通过 20 ℃平均起止日数为 148.7 d,近 62 年一直呈增加的趋势,增幅为 3.7 d/10a。近 62 年来南昌县日平均气温稳定通过 20 ℃起止日期间平均积温为 3946.4 ℃·d,与起止日数增加对应,积温也呈持续增加的趋势,增幅为 103.4 ℃·d/10a。近 62 年来南昌县日平均气温稳定通过 20 ℃起止日期间平均降水量为 778.6 mm,呈增加的趋势,增幅为 33.8 mm/10a。近 62 年来南昌县日平均气温稳定通过 20 ℃起止日期间平均总日照时数为 901.7 h,呈大幅下降的趋势,降幅为 22.8 h/10a。

由图 2.57 可见,1954—2015 年南昌县日平均气温稳定通过 22 ℃平均起止日数为 122.0 d,近 62 年呈增加的趋势,增幅为 1.5 d/10a。近 62 年来南昌县日平均气温稳定通过 22 ℃起止日期间平均积温为 3340.3℃·d,与起止日数增加对应,积温也呈增加的趋势,增幅为 48.6 ℃·d/10a。近 62 年来南昌县日平均气温稳定通过 22 ℃起止日期间平均降水量为 634.1 mm,呈增加的趋势,增幅为 14.1 mm/10a。近 62 年来南昌县日平均气温稳定通过 22 ℃起止日期间平均总日照时数为 772.1 h,呈显著下降的趋势,降幅为 30.6 h/10a。

（3）四季起始期及日数

由图 2.58 可见，南昌县常年气候平均入春时间为 3 月 10 日，而近 62 年平均入春时间为 2 月 24 日，入春时间一直呈显著提前的趋势，提前幅度为 3.6 d/10a。南昌县常年气候平均入夏时间为 5 月 17 日，而近 62 年平均入夏时间为 5 月 7 日，入夏时间也一直呈提前的趋势，提前幅度为 0.6 d/10a，提前幅度远小于入春时间的提前幅度。南昌县常年气候平均入秋时间为 10 月 3 日，而近 62 年平均入秋时间为 10 月 5 日，入秋时间一直呈显著推后的趋势，推后幅度为 2.4 d/10a，变化幅度仅次于入春时间的变化幅度。南昌县常年气候平均入冬时间为 11 月 29 日，而近 62 年平均入冬时间为 12 月 5 日，入冬时间也一直呈推后的趋势，推后幅度为 1.0 d/10a。综上可见，近 62 年来南昌县入春和入夏的时间均提前，而入秋和入冬的时间均推后。

由图 2.59 可见，南昌县常年气候平均春季长度为 68.0 d，而近 62 年平均春季长度为 72.5 d，一直呈显著延长的趋势，延长幅度为 3.0 d/10a。南昌县常年气候平均夏季长度为 139.0 d，而近 62 年平均夏季长度为 150.3 d，一直呈显著延长的趋势，延长幅度也为 3.0 d/10a。南昌县常年气候平均秋季长度为 57.0 d，而近 62 年平均秋季长度为 61.9 d，一直呈缩短的趋势，缩短幅度为 1.4 d/10a。南昌县常年气候平均冬季长度为 101.0 d，而近 62 年平均冬季长度为 80.6 d，一直呈缩短的趋势，缩短幅度为 4.2 d/10a。综上可见，近 62 年来南昌县春季和夏季长度延长，而秋季和冬季长度尤其是冬季长度明显缩短，夏季长度的延长趋势和冬季长度的缩短趋势尤为显著。

3.2.8 地温

（1）平均地面温度

由图 2.60 可见，1954—2015 年南昌县各月平均地温均呈不同程度增加的趋势，5 月和 10 月平均地温增幅最大，增幅分别为 0.71 ℃/10a 和 0.53 ℃/10a，11 月平均地温增幅最小。在增长趋势方面，近 62 年 1 月、5—7 月和 10 月平均地温一直稳步增加，近 32 年 2—4 月和 9 月平均地温增长较快。

（2）最高地面温度

由图 2.61 可见，1957—2015 年南昌县 3—7 月及 9 月、10 月平均最高地温均呈增加的趋势，5 月最高地温增长最快，幅度达 0.2 ℃/10a。从 62 年时间尺度来看，5 月平均最高地温增加最明显；从 30 年时间尺度来看，近 32 年 4 月平均最高地温增加最显著。

（3）最低地面温度

由图 2.62 可见，1954—2015 年南昌县 2 月和 10 月平均最低地温增幅最大，增幅均为 0.5 ℃/10a；其次为 1 月和 11 月，最低地温增幅分别为 0.4 ℃/10a 和 0.3 ℃/10a。8 月和 12 月平均最低地温变化最小。

（4）极端最高地面温度

由图 2.63 可见，1957—2015 年南昌县 6 月极端最高地温增长最快，增幅为 2.5 ℃/10a，近 62 年一直稳定增长；其次为 4 月和 5 月，极端最高地温增幅分别为 2.2 ℃/10a 和 2.3 ℃/10a。

由各月极值来看，近 62 年南昌县 1 月极端最高地温最大值出现在 2014 年，达 36.9 ℃；2 月极端最高地温最大值出现在 2010 年，达 45.7 ℃；3 月极端最高地温最大值出现在 2012 年，达 50.6 ℃；4 月极端最高地温最大值出现在 2011 年，达 60.9 ℃；5 月极端最高地温最大值出现在 2008 年,达 67.2 ℃;6 月极端最高地温最大值出现在 2000 年,达 70.7 ℃;7 月极端最高地温最大值出现在 2011 年,达 73.4 ℃;8 月极端最高地温最大值出现在 2010 年,达 75.1 ℃;9 月极端最高地温最大值出现在 2011 年,达 70.0 ℃;10 月极端最高地温最大值出现在 2007 年,达 58.3 ℃;11 月极端最高地温最大值出现在 2013 年,达 52.0 ℃;12 月极端最高地温最大值出现在 2010 年,达 36.2 ℃。

　　1957—2015 年南昌县 4 月和 5 月极端最高地温的增长趋势一致,前 40 年极端最高地温显著增加,近 22 年极端最高地温开始略有下降。近 62 年南昌县 6 月、8 月和 9 月极端最高地温呈稳步增加的趋势。从 60 年时间尺度来看,6 月极端最高地温增加最明显;从 30 年时间尺度来看,近 32 年 2 月极端最高地温增加最显著。

　　(5)极端最低地面温度

　　由图 2.64 可见,1954—2015 年南昌县 10 月极端最低地温增幅最大,增幅为 0.7 ℃/10a;其次为 1 月、2 月和 11 月,增幅均为 0.4 ℃/10a;再次为 4 月。3 月、7 月、8 月和 12 月极端最低地温增幅最小,近 62 年极端最低气温无明显增加的趋势,7 月极端最低地温变化最小。

　　由各月极值来看,近 62 年南昌县 1 月极端最低地温最小值出现在 1977 年,达 −9.8 ℃;2 月极端最低地温最小值出现在 1972 年,达 −12.8 ℃;3 月极端最低地温最小值出现在 1965 年,达 −3.9 ℃;4 月极端最低地温最小值出现在 1996 年,达 −1.5 ℃;5 月极端最低地温最小值出现在 1961 年,达 7.9 ℃;6 月极端最低地温最小值出现在 1987 年,达 13.3 ℃;7 月极端最低地温最小值出现在 1976 年,达 17.8 ℃;8 月极端最低地温最小值出现在 1974 年,达 18.5 ℃;9 月极端最低地温最小值出现在 1966 年,达 10.3 ℃;10 月极端最低地温最小值出现在 1981 年,达 −0.5 ℃;11 月极端最低地温最小值出现在 1993 年,达 −5.6 ℃;12 月极端最低地温最小值出现在 1991 年,达 −18.9 ℃。

　　1954—2015 年南昌县仅 1 月极端最低地温呈稳步上升的趋势。5 月、6 月、9 月、10 月极端最低地温前 40 年无明显上升甚至下降,近 22 年明显增加。

3.3　水环境要素

3.3.1　降水量

　　(1)各月降水量

　　由图 2.65 可见,1954—2015 年南昌县 6 月平均降水量最多,达 304.1 mm,其次为 5 月和 4 月。3—6 月平均降水量均在年平均线以上,7 月平均降水量与年平均线持平,其余月份平均降水量均在年平均线以下。12 月、10 月和 1 月平均降水量最少。

　　从变化趋势来看,1954—2015 年南昌县 5 月降水量下降幅度最大,达 18.7 mm/10a。11 月降水量增幅最大,达 11.0 mm/10a;其次为 6 月份,降水量增幅达 9.3 mm/10a。9 月和 10 月降水量变化最小。

　　(2)年降水量

　　由图 2.66 可见,1954—2015 年南昌县年平均降水量为 1588.8 mm,总体以 20 年为周期波动变化,降水峰值分别出现在 1954 年(2069.7 mm)、1973 年(2273.2 mm)和 1975 年(2135.6 mm)、1998 年(2284.2 mm)和 1999 年(和 2148.4 mm)及 2010 年(2409.7 mm)。从

62 年时间尺度来看,南昌县年降水量呈非显著增加的趋势,增幅为 21.5 mm/10a;年降水量最大值出现在 2010 年,达 2409.7 mm,年降水量最小值出现在 2011 年,为 1074.3 mm。

（3）区域自动气象站各月降水量

由图 2.67 可见,2006—2015 年南昌县 1 月平均降水量大部分区域在 34.6～44.6 mm 之间,塔城北洲和泾口东升较高,可达 52.6 mm。2 月平均降水量大部分区域在 63.6～85.2 mm 之间,五星农场较高,可达 96.0～106.8 mm。3 月平均降水量大部分区域在 147.4～168.7 mm 之间,蒋巷水管较高,可达 190.0～204.2 mm。4 月平均降水量大部分区域在 149.9～164.3 mm 之间,南昌县城区域和黄马东山门较高,可达 171.5～185.9 mm。5 月平均降水量大部分区域在 181.0～204.4 mm 之间,五星农场最高,可达 220.0 mm。6 月平均降水量大部分区域在 209.1～313.8 mm 之间,南昌县城区域和黄马东山门较高,可达 329.6～337.5 mm。7 月平均降水量大部分区域在 122.7～141.3 mm 之间,广福宋洲和黄马北部可达 329.6～337.5 mm。8 月平均降水量大部分区域在 71.9～89.0 mm 之间,南昌县城区域最高,可达 117.5～128.9 mm。9 月平均降水量大部分区域在 52.2～63.8 mm 之间,武阳西游和南部的广福、三江、黄马一带较高,可达 66.7～72.5 mm。10 月平均降水量大部分区域在 33.2～39.2 mm 之间。11 月平均降水量大部分区域在 68.2～84.2 mm 之间。12 月平均降水量大部分区域在 49.7～60.1 mm 之间,五星农场最高,可达 80.9～91.3 mm。

（4）区域自动气象站年降水量

由图 2.68 可见,2006—2015 年南昌县年平均降水量大部分区域在 1265.8～1444.8 mm 之间。高值区主要分布在蒋巷水管一带,可达 1480.6～1552.2 mm,蒋巷玉丰较低,为 1086.8～1158.4 mm。

3.3.2 最大日降水量

（1）各月最大日降水量

由图 2.69 可见,1954—2015 年南昌县 6 月最大日降水量最多,平均达 99.3 mm;其次为 5 月和 7 月,最大日降水量分别为 67.6 mm 和 53.1 mm。12 月、1 月和 10 月日最大降水量最少,分别为 17.5 mm、20.1 mm 和 23.6 mm。

由各月极值来看,近 62 年南昌县 1 月日最大降水量最大值出现在 1957 年,达 45.5 mm。2 月日最大降水量最大值出现在 1959 年,达 70.9 mm。3 月日最大降水量最大值出现在 1991 年,达 100.7 mm。4 月日最大降水量最大值出现在 1994 年,达 156.8 mm。5 月日最大降水量最大值出现在 1973 年,达 163.2 mm。6 月日最大降水量最大值出现在 2003 年,达 352.3 mm（历史极值）。7 月日最大降水量最大值出现在 2015 年,达 165.1 mm。8 月日最大降水量最大值出现在 1999 年,达 173.8 mm。9 月日最大降水量最大值出现在 2005 年,达 141.8 mm。10 月日最大降水量最大值出现在 1998 年,达 135.9 mm。11 月日最大降水量最大值出现在 2005 年,达 136.2 mm。12 月日最大降水量最大值出现在 2010 年,达 48.1 mm。

从变化趋势来看,1954—2015 年南昌县 1 月最大日降水量增加最明显,增幅达 4.8 mm/10a;其次为 8 月和 12 月,最大日降水量增加幅度分别达 4.2 mm/10a 和 1.4 mm/10a。9 月最大日降水量呈下降的趋势,下降幅度为 2.3 mm/10a。

（2）年最大日降水量

由图 2.70 可见,1954—2015 年南昌县平均年最大日降水量为 119.4 mm,从 62 年时间尺度来看,年最大日降水量呈增加的趋势,增幅为 3.0 mm/10a。年最大日降水量极大值出现在 2003 年,达 352.3 mm;年最大日降水量极小值出现在 2007 年,仅为 47.0 mm。

由图 2.71 可见,1954—2015 年南昌县年最大日降水量最早出现日期为 3 月 21 日(1991 年),最晚出现日期为 9 月 14 日(1961 年),平均日期为 6 月 19 日。从 62 年时间尺度来看,年最大日降水量出现日期呈推后的趋势,推后幅度为 1.0 d/10 年。

(3)区域自动气象站各月日最大降水量

由图 2.72 可见,2006—2015 年南昌县 1 月最大日降水量大部分区域在 30.0～40.0 mm 之间。2 月最大日降水量大部分区域在 30.0～50.0 mm 之间,南部较北部高,最高的为广福宋洲,达 70.0 mm。3 月最大日降水量大部分区域在 50.0～70.0 mm 之间,最高的为泾口杨芳和向塘剑霞,达 90.0 mm。4 月最大日降水量大部分区域在 70.0～90.0 mm 之间。5 月最大日降水量大部分区域在 90.0～110.0 mm 之间,南昌县城和塘南港头小片区域可达 150.0 mm。6 月最大日降水量大部分区域在 150.0 mm 左右,南昌县城、武阳等区域可达 200.0 mm。7 月最大日降水量塔城以南在 110.0～150.0 mm 之间,塔城以北主要在 90.0～110.0 mm 之间。8 月最大日降水量从北到南各乡镇差异较大,北部的蒋巷在 50.0 ～70.0 mm 之间,广福和黄马的南端在 150.0～200.0 mm 之间,其余区域主要在 90.0～110.0 mm 之间。9 月最大日降水量大部分区域在 40.0～50.0 mm 之间,广福和黄马最高,达 70.0～90.0 mm,蒋巷玉丰最低,在 30.0 mm 左右。10 月最大日降水量大部分区域在 40.0～50.0 mm 之间。11 月最大日降水量大部分区域在 50.0～70.0 mm 之间,广福最高,达 90.0～110.0 mm。12 月最大日降水量大部分区域在 40.0～50.0 mm 之间,泾口杨芳最低,为 30.0 mm 左右。

(4)区域自动气象站年最大降水量

由图 2.73 可见,2006—2015 年南昌县年最大降水量大部分区域在 1670.0 mm 以上。北部除蒋巷玉丰较低外,大部分在 1670.0～1957.0 mm 之间;中部的泾口、幽兰和塔城在 1957.0～2100.0 mm 之间;武阳西游、向塘剑霞、广福宋洲一线以东南的区域最高,在 2100.0 ～2386.0 mm 之间。

3.3.3　各级日降水量日数

(1)各月各级日降水量日数

图 2.74 显示,1954—2015 年南昌县 9 月日降水量≥0.1 mm 日数最少,平均为 7.2 d;3 月、4 月和 5 月日降水量≥0.1 mm 日数最多,分别为 17.7 d、17.3 d 和 16.5 d。2—6 月日降水量≥0.1 mm 日数在年平均值以上,1 月日降水量≥0.1 mm 日数与年平均值相当,其余月份日降水量≥0.1 mm 日数均在年平均值以下。

由变化趋势来看,1954—2015 年南昌县 5 月日降水量≥0.1 mm 日数减少趋势最明显,减少幅度为 0.8 d/10a;8 月日降水量≥0.1 mm 日数增多趋势最明显,增幅为 0.4 d/10a;9 月和 12 月日降水量≥0.1 mm 日数均无明显变化。

由图 2.75 可见,1954—2015 年南昌县同样是 9 月日降水量≥1.0 mm 日数最少,平均为 4.9 d;3—5 月日降水量≥1.0 mm 日数最多,分别为 14.1 d、13.8 d 和 13.7 d。2—6 月日降水量≥1.0 mm 日数均在年平均值以上,其余月日降水量≥1.0 mm 日数均在年平均值以下。

由变化趋势来看,1954—2015 年南昌县 5 月日降水量≥1.0 mm 日数减少趋势最明显,减少幅度为 0.7 d/10a;7 月日降水量≥1.0 mm 日数增多趋势最明显,增幅为 0.3 d/10a;2 月和

3月及9月和12月日降水量≥1.0 mm日数均无明显变化。

由图2.76可见,1954—2015年南昌县9月和10月日降水量≥2.0 mm日数最少,平均为4.2 d;3—5月日降水量≥2.0 mm日数最多,分别为12.2 d、12.3 d和12.3 d。2—6月日降水量≥2.0 mm日数在年平均值以上,其余月份日降水量≥2.0 mm日数均在年平均值以下。

由变化趋势来看,1954—2015年南昌县5月日降水量≥2.0 mm日数减少趋势最明显,减少幅度为0.6 d/10a;7月日降水量≥2.0 mm日数增多趋势最明显,增幅为0.4 d/10a;1月和3月及9月、10月和12月日降水量≥2.0 mm日数均无明显变化。

由图2.77可见,1954—2015年南昌县10月日降水量≥5.0 mm日数最少,平均为2.8 d;3—5月日降水量≥5.0 mm日数最多,分别为9.2 d、9.7 d和9.9 d。2—6月日降水量≥5.0 mm日数在年平均值以上,其余月份日降水量≥5.0 mm日数均在年平均值以下。

由变化趋势来看,1954—2015年南昌县5月日降水量≥5.0 mm日数减少趋势最明显,减少幅度为0.6 d/10a;7月日降水量≥5.0 mm日数增加趋势最明显,增幅为0.4 d/10a;2月和3月及8—10月日降水量≥5.0 mm日数均无明显变化。

由图2.78可见,1954—2015年南昌县10月日降水量≥10.0 mm日数最少,平均为1.5 d;4月和5月日降水量≥10.0 mm日数最多,分别为6.8 d和7.3 d。3—6月日降水量≥10.0 mm日数在年平均值以上,7月日降水量≥10.0 mm日数与平均值相当,其余月份日降水量≥10.0 mm日数均在年平均值以下。

从变化趋势来看,1954—2015年南昌县5月日降水量≥10.0 mm日数减少趋势最明显,减少幅度为0.6 d/10a;11月日降水量≥10.0 mm日数增加趋势最明显,增幅为0.3 d/10a;2月和3月及8—10月12月日降水量≥10.0 mm日数均无明显变化。

由图2.79可见,1954—2015年南昌县12月日降水量≥25.0 mm日数最少,平均为0.4 d;6月日降水量≥25.0 mm日数最多,平均为3.8 d。3—6月日降水量≥25.0 mm日数在年平均值以上,7月和8月日降水量≥25.0 mm日数与平均值相当,其余月份日降水量≥25.0 mm日数均在年平均值以下。

从变化趋势来看,1954—2015年南昌县5月日降水量≥25.0 mm日数减少趋势最明显,减少幅度为0.3 d/10a;11月日降水量≥25.0 mm日数增加趋势最明显,增幅为0.2 d/10a;1月、2月和4月及7—10月和12月日降水量≥25.0 mm日数均无明显变化。

由图2.80可见,1954—2015年南昌县1月和12月均未出现日降水量≥50.0 mm的情况;6月日降水量≥50.0 mm日数最多,平均为1.8 d。4—7月日降水量≥50.0 mm日数在年平均值以上;8月日降水量≥50.0 mm日数与平均值相当,其余月份平均日降水量≥50.0 mm日数均在年平均值以下。

从变化趋势来看,1954—2015年南昌县除7月日降水量≥50.0 mm日数呈增加的趋势外,其余月份日降水量≥50.0 mm日数均无明显变化。

由图2.81可见,1954—2015年南昌县1—3月及12月均未出现日降水量≥100.0 mm的情况,10月和11月均只有1年出现日降水量≥100.0 mm的情况。6月日降水量≥100.0 mm日数最多,平均为0.5 d。

由图2.82可见,1954—2015年南昌县1—3月及9—12月均未出现日降水量≥150.0 mm的情况,其余月份仅5月出现2次日降水量≥150.0 mm的情况,4月、7月和8月均仅出现1次日降水量≥150.0 mm的情况。6月日降水量≥150.0 mm日数最多,平均为0.2 d。

（2）年各级日降水量日数

由图 2.83 可见,1954—2015 年南昌县日降水量≥0.1mm 日数平均为 143.7 d,从 62 年时间尺度来看,日降水量≥0.1 mm 日数无明显变化趋势。1970 年日降水量≥0.1mm 日数最多,达 179.0 d,1978 年日降水量≥0.1mm 日数最少,为 107.0 d。

由图 2.84 可见,1954—2015 年南昌县日降水量≥1.0 mm 日数平均为 109.0 d,从 62 年时间尺度来看,日降水量≥1.0 mm 日数无明显变化趋势。1970 年日降水量≥1.0 mm 日数最多,达 134.0 d,1963 年和 1979 年日降水量≥1.0 mm 日数最少,均为 86.0 d。

由图 2.85 可见,1954—2015 年南昌县日降水量≥2.0 mm 日数平均为 93.3 d,从 62 年时间尺度来看,日降水量≥2.0 mm 日数无明显变化趋势。1990 年日降水量≥2.0 mm 日数最多,达 120.0 d, 1978 年和 2011 年日降水量≥2.0 mm 日数最少,均为 70.0 d。

由图 2.86 可见,1954—2015 年南昌县日降水量≥5.0 mm 日数平均为 68.9 d,从 62 年时间尺度来看,日降水量≥5.0 mm 日数无明显变化趋势。2012 年日降水量≥5.0 mm 日数最多,达 90.0 d,2011 年日降水量≥5.0 mm 日数最少,为 41.0 d。

由图 2.87 可见,1954—2015 年南昌县日降水量≥10.0 mm 日数平均为 45.5 d,从 62 年时间尺度来看,日降水量≥10.0 mm 日数无明显变化趋势。1975 年和 2012 年日降水量≥10.0 mm 日数最多,均为 64.0 d,2011 年日降水量≥10.0 mm 日数最少,为 29.0 d。

由图 2.88 可见,1954—2015 年南昌县日降水量≥25.0 mm 日数平均为 18.2 d,从 62 年尺度来看,日降水量≥25.0 mm 日数呈增加的趋势,增幅为 0.5 d/10a。1998 年日降水量≥25.0 mm 日数最多,达 32.0 d,1960 年日降水量 25.0 mm 日数最少,为 9.0 d。

由图 2.89 可见,1954—2015 年南昌县日降水量≥50.0 mm 日数平均为 5.2 d,从 62 年时间尺度来看,日降水量≥50.0 mm 日数呈增加的趋势,增幅为 0.2 d/10a。1999 年日降水量≥50.0 mm 日数最多,达 12.0 d,2007 年日降水量≥50.0 mm 日数最少,为 0.0 d。

由图 2.90 可见,1954—2015 年南昌县日降水量≥100.0 mm 日数平均为 1.0 d,从 60 年时间尺度来看,日降水量≥100.0 mm 日数无明显变化。1973 年和 1994 年日降水量≥100.0 mm 日数最多,均达 4 d,有 27 年未出现日降水量大于 100.0 mm 的情况。

由图 2.91 可见,1954—2015 年南昌县日降水量≥150.0 mm 日数平均为 0.3 d。只有 12 年出现日降水量大于 150.0 mm 的情况,1973 年日降水量≥150.0 mm 日数最多,达 3.0 d。

（3）区域自动气象站各月各级日降水量日数

由图 2.92 可见,2006—2015 年南昌县 1 月小雨（日降雨量<10.0 mm）日数大部分区域为 10.0 d 左右。2 月小雨日数大部分区域为 10.0 d 左右,冈上、向塘剑霞以南的区域主要为 7.0~8.0 d。3 月小雨日数大部分区域为 10.0 d 左右,武阳西游、向塘剑霞、广福宋洲一线以东南的区域主要为 8.0~9.0 d。4 月小雨日数大部分区域为 10.0 d 左右,向塘剑霞、三江源溪、广福宋洲一线以东南的区域主要为 8.0~9.0 d。5 月小雨日数大部分区域为 8.0~9.0 d,幽兰、塔城、小兰,以及广福宋洲、三江源溪、黄马等一线为 10.0 d 左右。6 月小雨日数大部分区域为 8.0~9.0 d,幽兰、塔城、小兰,以及五星农场、泾口东升等为 10.0 d 左右。7 月小雨日数大部分区域为 7.0~8.0 d。8 月小雨日数大部分区域为 7.0~8.0 d。9 月小雨日数大部分区域为 5.0~6.0 d,南新丰洲、塘南港头和泾口杨芳等最少,为 4.0 d。10 月小雨日数大部分区域为 4.0~5.0 d。11 月份小雨日数大部分区域为 6.0~7.0 d。12 月小雨日数大部分区域为 7.0~8.0 d。

由图 2.93 可见,2006—2015 年南昌县 1 月中雨(日降雨量 10.0~24.9 mm)日数大部分区域在 0.5~1.0 d 之间。2 月中雨日数大部分区域在 1.0~2.0 d 之间。3 月中雨日数大部分区域在 2.0~3.0 d 之间。4 月中雨日数大部分区域主要为 2.0 d 左右。5 月中雨日数大部分区域主要为 2.0 d,小兰、冈上,以及塔城、泾口等区域在 3.0 d 左右。6 月中雨日数大部分区域主要为 2.0 d 左右,冈上,五星农场、蒋巷水管等区域在 3.0 d 左右。7 月、8 月和 9 月中雨日数大部分区域主要为 1.0 d。10 月中雨日数大部分区域主要为 1.0 d 左右,小兰、黄马、五星农场等区域为 0.5 d。11 月和 12 月中雨日数大部分区域主要为 1.0 d 左右。

由图 2.94 可见,2006—2015 年南昌县 1 月大雨(日降雨量 25.0~49.9 mm)日数大部分区域在 0.2~0.3 d 之间。2 月大雨日数大部分区域为 0.5 d。3 月大雨日数东北部和南部主要为 1.0 d,中部为 2.0 d。4 月和 5 月大雨日数大部分区域为 1.0 d。6 月大雨日数北部蒋巷以及西部的小兰虎山、冈上为 1.0 d,其余大部分区域为 2.0 d。7 月大雨日数北部蒋巷以及西部的小兰虎山、冈上、南昌县城、八一涂埠为 0.5 d,其余大部分区域为 1.0 d。8 月和 9 月大雨日数大部分区域在 0.4~0.5 d 之间。10 月大雨日数北部蒋巷为 0.3 d,其余大部分区域在 0.1~0.2 d 之间。11 月大雨日数大部分区域为 0.5 d,南昌县城、向塘剑霞和三江源溪一带达 1.0 d。12 月大雨日数大部分区域在 0.4~0.5 d 之间。

由图 2.95 可见,2006—2015 年南昌县 1 月、2 月,以及 9 月和 10 月基本无暴雨(日降雨量 50.0~99.9 mm)日数。3 月暴雨日数大部分区域在 0.2~0.3 d 之间,向塘剑霞最高,达 0.5 d。4 月暴雨日数大部分区域在 0.3~0.4d 之间,蒋巷水管、南新丰洲,以及南部冈上、黄马等区域最高达 0.5 d。5 月暴雨日数大部分区域为 0.5 d,中部八一涂埠、塔城和幽兰在 0.3~0.4 d 之间。6 月暴雨日数大部分区域为 1.0 d。7 月暴雨日数大部分区域为 0.5 d,北部蒋巷玉丰,以及南部向塘剑霞、三江源溪、广福宋洲等区域在 0.3~0.4 d 之间。8 月暴雨日数大部分区域在 0.3~0.4 d 之间。11 月暴雨日数大部分区域在 0.2 d 以下,南端冈上、广福、三江和黄马在 0.3~0.4 d 之间。12 月只有北部蒋巷和塘南港头和五星农场一带出现了暴雨日数,在 0.1~0.2 d 之间。

由图 2.96 可见,2006—2015 年南昌县 1—4 月,以及 9—12 月基本无大暴雨(日降雨量 100.0~249.9 mm)发生。5 月、7 月和 8 月大暴雨日数均在 0.3 d 以下。6 月大暴雨日数最多,大部分区域为 0.5 d,广福宋洲、五星农场和泾口东升等区域在 0.3~0.4 d 之间。

3.3.4　最长连续降水日数及期间累积降水量

(1)各月最长连续降水日数

由图 2.97 可见,1954—2015 年南昌县 3 月最长连续降水日数最长,平均达 7.8 d;其次为 4 月和 5 月,月最长连续降水日数平均分别为 7.3 d 和 7.1 d。9 月最长连续降水日数最短,平均只有 3.2 d;其次为 10 月,平均月最长连续降水日数为 3.5 d。

从各月极值来看,1954—2015 年南昌县 1 月最长连续降水日数最大值出现在 1954 年,达 17.0 d。2 月最长连续降水日数最大值出现在 2005 年,达 16.0 d。3 月最长连续降水日数最大值出现在 1996 年,为 22.0 d。4 月最长连续降水日数最大值出现在 1955 年,为 15.0 d。5 月最长连续降水日数最大值出现在 1958 年,为 18.0 d。6 月最长连续降水日数最大值出现在 1998 年,为 19.0 d。7 月最长连续降水日数最大值出现在 1998 年,为 20.0 d。8 月最长连续降水日数最大值出现在 1998 年,为 15.0 d。9 月最长连续降水日数最大值出现在 1982 年和

2010 年,为 8.0 d。10 月最长连续降水日数最大值出现在 1982 年,为 9.0 d。11 月最长连续降水日数最大值出现在 2006 年,为 12.0 d。12 月最长连续降水日数最大值出现在 1966 年,为 9.0 d。

从变化趋势来看,1954—2015 年南昌县 5 月最长连续降水日数呈显著缩短的趋势,缩短幅度达 0.6 d/10a;其次为 4 月,月最长连续降水日数缩短幅度达 0.3 d/10a。7 月最长连续降水日数呈延长的趋势,延长幅度为 0.3 d/10a。

(2)各月最长连续降水日数期间累积降水量

由图 2.98 可见,1954—2015 年南昌县 6 月最长连续降水期间累积降水量最大,平均达 164.0 mm;其次为 5 月和 7 月,平均月最长连续降水期间累积降水量分别为 104.0 mm 和 98.0 mm。10 月和 12 月最长连续降水期间累积降水量最小,平均仅为 27.7 mm 和 27.3 mm。

从变化趋势来看,1954—2015 年南昌县 2 月最长连续降水日数期间累积降水量基本无变化,5 月最长连续降水期间累积降水量减少趋势最明显,减少幅度为 16.5 mm/10a;11 月最长连续降水期间累积降水量增加幅度最大,达 6.1 mm/10a。除 12 月外,近 10 年(2004—2016 年)月最长连续降水日数期间累积降水量均出现显著减小的情况。

(3)年最长连续降水日数及期间累积降水量和止日

由图 2.99 可见,1954—2015 年南昌县平均年最长连续降水日数为 11.4 d,从 62 年时间尺度来看,年最长连续降水日数呈缩短的趋势,缩短的幅度为 0.4 d/10a。年最长连续降水日数极大值出现在 1996 年,达 22.0 d,年最长连续降水日数极小值出现在 1994 年,为 6.0 d。

由图 2.100 可见,1954—2015 年南昌县平均年最长连续降水期间累积降水量为 165.9 mm,从 62 年时间尺度来看,年最长连续降水期间累积降水量呈减少的趋势,减少幅度为 11.6 mm/10a。年最长连续降水期间累积降水量极大值出现在 1998 年,达 517.0 mm,年最长连续降水期间累积降水量极小值出现在 2009 年,为 26.7 mm。

由图 2.101 可见,1954—2015 年南昌县年最长连续降水最早结束日期出现在前一年的 11 月 27 日,最晚结束日期出现在翌年的 7 月 19 日,平均结束日期为 4 月 13 日。从 60 年时间尺度来看,最长连续降水结束日期呈提前的趋势,提前的幅度为 4.7 d/10a。

(4)区域自动气象站各月最长连续降水日数

由图 2.102 可见,2006—2015 年南昌县 1 月最长连续降水日数塔城以北大部分区域在 10.0～15.0 d 左右,南部大部分为 7.0～9.0 d。2 月最长连续降水日数泾口以南大部分区域为 10.0 d 左右,泾口以北在 10.0～15.0 d 左右。3 月最长连续降水日数大部分区域在 8.0～10.0 d 左右。4 月最长连续降水日数大部分区域在 10.0 d 左右,泾口东升和八一涂埠可达 20.0～25.0 d。5 月最长连续降水日数蒋巷在 7.0～8.0 d 左右,其余区域多在 9.0 d 以上,泾口东升、塔城北洲、广福宋洲等可达 20.0～25.0 d。6 月最长连续降水日数大部分区域在 10.0 d 左右,泾口东升和塔城北洲和黄马东山门等区域可达 15.0～20.0 d。7 月最长连续降水日数大部分区域在 7.0～8.0 d 左右,幽兰涂洲、蒋巷玉丰和塔城北洲等可达 15.0～25.0 d。8 月最长连续降水日数大部分区域在 5.0～7.0 d 左右。9 月最长连续降水日数大部分区域在 7.0～10.0 d 左右,塔城北洲和蒋巷北端最高,可达 10.0 d 左右。10 月最长连续降水日数大部分区域在 5.0 d 左右,泾口东升、塘南北星、南新丰洲一线以东北区域以及黄马东山门等可达 6.0～7.0 d 左右。11 月最长连续降水日数大部分区域在 10.0～15.0 d 左右,泾口以北区域主要在 7.0～10.0 d 左右。12 月最长连续降水日数大部分区域在 5.0～7.0 d 左右。

（5）区域自动气象站各月最长连续降水日数期间降水量

由图 2.103 可见,2006—2015 年南昌县 1 月最长连续降水日数期间降雨量大部分区域在 20.0～30.0 mm 左右,冈上、南新丰洲和蒋巷玉丰等区域最小,在 10.0～15.0 mm 左右。2 月最长连续降水日数期间降雨量大部分区域在 30.0～40.0 mm 之间,高值区在塔城北洲,可达 90.0～110.0 mm。3 月最长连续降水日数期间降雨量大部分区域在 110.0～150.0 mm 之间,冈上和广福宋洲一带最低,在 30.0～50.0 mm 之间。4 月最长连续降水日数期间降雨量大部分区域在 70.0～110.0 mm 之间。5 月最长连续降水日数期间降雨量大部分区域在 90.0～150.0 mm 之间,蒋巷水管最低,仅为 30.0～40.0 mm。6 月最长连续降水日数期间降雨量大部分区域在 200.0～300.0 mm 之间,蒋巷玉丰最低,在 50.0～90.0 mm。7 月最长连续降水日数期间降雨量大部分区域在 90.0～110.0 mm 之间,冈上、向塘剑霞、蒋巷玉丰以及五星农场等为低值区,在 70.0 mm 左右。8 月最长连续降水日数期间降雨量大部分区域在 30.0～50.0 mm 之间,塔城北洲最高,可达 90.0～110.0 mm 左右。9 月最长连续降水日数期间降雨量大部分区域在 30.0～40.0 mm 之间,南新丰洲可达 70.0～90.0 mm 左右,蒋巷玉丰最低,仅为 5.0～15.0 mm。10 月最长连续降水日数期间降雨量大部分区域在 30.0～50.0 mm 之间,蒋巷玉丰和泾口东升最低,仅为 5.0～15.0 mm。11 月最长连续降水日数期间降雨量大部分区域在 90.0～150.0 mm 之间。12 月最长连续降水日数期间降雨量蒋巷主要为 30.0～50.0 mm,塘南港头、塘南北星和五星农场,以及小兰,向塘剑霞等区域在 70.0～110.0 mm 之间。

（6）区域自动气象站年最长连续降水日数、期间降水量

由图 2.104 可见,2006—2015 年南昌县年最长连续降水日数蒋巷、泾口杨芳、冈上、向塘剑霞、武阳西游、南昌县城、小兰虎山等区域主要为 14.9～24.1 d 左右,冈上最少,在 15.0 d 以下。最多的为塔城北洲,在 70.1～79.3 d 之间,其次为泾口东升和八一涂埠,在 60.9～65.5 d 之间。

由图 2.105 可见,2006—2015 年南昌县年最长连续降水日数期间降雨量大部分区域在 152.0～198.8 mm 之间,南昌县城、南新丰洲和蒋巷玉丰等区域较低,在 58.4～105.2 mm 左右。高值区主要分布在泾口东升、塔城北洲和南部的广福宋洲、三江源溪、黄马东山门一带,泾口东升可达 339.2～386.0 mm,塔城北洲最高,可达 620.0～713.6 mm,广福宋洲、三江源溪、黄马东山门一带主要在 245.6～432.8 mm 之间。

3.3.5　最长连续无降水日数

（1）各月最长连续无降水日数

由图 2.106 可见,1954—2015 年南昌县 12 月最长连续无降水日数最长,平均达 16.8 d;其次为 10 月和 11 月,平均月最长连续无降水日数分别为 15.9 d 和 14.6 d。4 月最长连续无降水日数最短,平均仅为 5.2 d;其次为 3 月和 5 月,平均月最长连续无降水日数分别为 5.9 d 和 5.8 d。

从各月极值来看,1954—2015 年南昌县 1 月最长连续无降水日数最大值出现在 1976 年,达 47.0 d。2 月最长连续无降水日数最大值出现在 1963 年,达 39.0 d。3 月最长连续无降水日数最大值出现在 1978 年,为 16.0 d。4 月最长连续无降水日数最大值出现在 1955 年,为 11.0 d。5 月最长连续无降水日数最大值出现在 2009 年,为 12.0 d。6 月最长连续无降水日

数最大值出现在 1961 年和 1974 年,为 14.0 d。7 月最长连续无降水日数最大值出现在 1971
年,为 24.0 d。8 月最长连续无降水日数最大值出现在 1983 年,为 25.0 d。9 月最长连续无降
水日数最大值出现在 1974 年,为 34.0 d。10 月最长连续无降水日数最大值出现在 1955 年和
1959 年,为 40.0 d。11 月最长连续无降水日数最大值出现在 1979 年,为 52.0 d(历史极值)。
12 月最长连续无降水日数最大值出现在 1977 年,为 40.0 d。

从变化趋势来看,1954—2015 年南昌县 12 月最长连续无降水日数呈缩短趋势,缩短的幅
度达 0.6 d/10a;其次为 1 月和 7 月、8 月,月最长连续无降水日数缩短幅度均达 0.4 d/10a。
10 月和 5 月最长连续无降水日数呈延长的趋势,延长幅度分别为 0.4 d/10a 和 0.3 d/10a。3
月、6 月和 9 月最长连续无降水日数无明显变化趋势。

(2)年最长连续无降水日数和止日

由图 2.107 可见,1954—2015 年南昌县平均年最长连续无降水日数为 25.8 d,从 62 年时
间尺度来看,年最长连续无降水日数呈缩短的趋势,缩短幅度为 0.8 d/10a。年最长连续无降
水日数极大值出现在 1979 年,达 52.0 d,年最长连续无降水日数极小值出现在 2011 年,为
14.0 d。

由图 2.108 可见,1954—2015 年南昌县年最长连续无降水结束日期平均出现在 7 月 26
日,最晚结束日期出现在翌年 3 月 20 日,平均结束日期为 11 月 18 日。从 60 年时间尺度来
看,年最长连续降水结束日期呈提前的趋势,提前幅度为 3.7 d/10 年。

(3)区域自动气象站各月最长连续无降水日数

由图 2.109 可见,2006—2015 年南昌县 1 月最长连续无降水日数大部分区域在 6.5～
12.1 d 之间,蒋巷玉丰最高,在 19.1～21.9 d 之间。2 月最长连续无降水日数泾口以南大部
分在 9.7～13.9 d 之间,北部塘南港头和塘南北星最高,可达 22.3～25.1 d。3 月最长连续无
降水日数大部分在 9.7～12.7 d 之间,最高的为五星农场和八一涂埠,可达 23.2～26.2 d。4
月最长连续无降水日数大部分在 11.3～16.1 d 之间,最高的为五星农场和八一涂埠,可达
22.5～25.7 d。5 月最长连续无降水日数大部分在 7.8～13.2 d 之间,最高的为泾口东升、塔
城北洲和广福宋洲,可达 24.0～27.6 d。6 月最长连续无降水日数大部分在 11.3～16.1 d 之
间,最高的为五星农场和八一涂埠,可达 22.5～25.7 d。7 月最长连续无降水日数大部分在
6.9～12.3 d 之间,最高的为塔城北洲,可达 23.1～26.7 d。8 月最长连续无降水日数大部分
在 5.4～9.9 d 之间,最高的为塔城北洲和南昌县城区域,可达 13.5～15.3 d。9 月最长连续无
降水日数大部分在 5.7～10.8 d 之间,最高的为塔城北洲和南昌县城区域,可达 12.5～17.6
d。10 月最长连续无降水日数大部分在 5.1～8.4 d 之间,最高的为南昌县城区域,可达 15.0
～17.2 d。11 月最长连续无降水日数大部分在 7.6～12.8 d 之间,最高的为南昌县城区域、向
塘剑霞、黄马东山门一带以及泾口东升,可达 18.0～20.6 d。12 月最长连续无降水日数大部
分在 4.3～7.9 d 之间,最高的为南昌县城区域、向塘剑霞一带,可达 15.1～17.5 d。

(4)区域自动气象站年最长连续无降水日数

由图 2.110 可见,2006—2015 年南昌县年最长连续无降水日数大部分区域在 29.9～36.2
d 之间。塔城北洲最低,在 21.5～25.7 d 之间,广福宋洲最高,可达 40.4～44.6 d。

3.3.6　汛期降水量和降水日数

由图 2.111 可见,1954—2015 年南昌县汛期(4 月 1 日至 6 月 30 日,下同)平均降水量为

775.3 mm,从 62 年时间尺度来看,汛期降水量呈减少的趋势,减少幅度为 12.8 mm/10a。近 62 年南昌县汛期降水量极大值出现在 1973 年,达 1540.5 mm,汛期降水量极小值出现在 1985 年,仅为 455.6 mm。汛期降水量为 1000.0 mm 以上的有 9 年,汛期降水量为 1200.0 mm 以上的有 5 年,汛期降水量为 1400.0 mm 以上的有 2 年(1973 年和 2010 年)。

由图 2.112 可见,1954—2015 年南昌县汛期平均降水日数为 49.0 d。从 62 年时间尺度来看,汛期降水日期呈减少的趋势,减少幅度为 0.8 d/10a;1954 年汛期降水日期最多,达 66.0 d,1985 年汛期降水日期最少,仅为 36.0 d。

3.3.7 空气湿度

(1)各月平均相对湿度

由图 2.113 可见,1954—2015 年南昌县各月平均相对湿度均呈不同程度的下降趋势,但下降幅度不同;4 月、5 月和 10 月平均相对湿度下降幅度最大,降幅均为 1.7%/10a;其次为 3 月和 12 月,平均相对湿度降幅为 1.5%/10a。1 月、7 月和 8 月平均相对湿度下降幅度最小。

1954—2015 年南昌县 4 月、5 月和 12 月平均相对湿度一直稳步降低。7 月、9 月和 10 月平均相对湿度,前 30 年略有增高,近 32 年月平均相对湿度开始降低。

(2)年平均相对湿度

由图 2.114 可见,1954—2015 年南昌县年平均相对湿度呈显著下降的趋势,降幅为 1.2%/10a;2000 年以前平均相对湿度呈缓慢波动下降,2000 年以后相对湿度迅速下降,近年相对湿度又有所回升。年平均相对湿度最大值出现在 1954 年,为 84%;年平均相对湿度最小值出现在 2013 年,为 68%。

3.3.8 水汽压

(1)各月平均水汽压

由图 2.115 可见,1954—2015 年南昌县 7 月和 8 月平均水汽压呈显著下降的趋势,其余月份月平均水汽压无明显变化趋势。从近 32 年来看,除 2 月、3 月、9 月和 11 月外,其余月份月平均水汽压均呈下降的趋势。

(2)年平均水汽压

由图 2.116 可见,1954—2015 年南昌县年平均水汽压呈下降的趋势,平均降幅为 0.07 hPa/10a;2000 年以前年平均水汽压无明显变化,2000 年以后年平均水汽压迅速下降,近年年平均水汽压又有所回升。年平均水汽压最大值出现在 1961 年,为 19.0 hPa;年平均水汽压最小值出现在 2013 年,为 16.1 hPa。

3.3.9 蒸发

(1)各月蒸发量

由图 2.117 可见,1954—2013 年南昌县各月平均蒸发量为 134.5 mm;1 月平均蒸发量最低,为 57.8 mm;7 月平均蒸发量最高,为 245.4 mm。最大月蒸发量出现在 1971 年 7 月,为 399.7 mm;最小月蒸发量出现在 1990 年 2 月,为 28.3 mm。

从变化趋势来看,1954—2013 年南昌县 5 月蒸发量无明显变化。10 月蒸发量呈增加的趋势,增幅为 1.3mm/10a。其余各月蒸发量均呈减少的趋势,1 月(3.4 mm/10a)和 7 月(3.5

mm/10a)蒸发量减少趋势较明显。

（2）年蒸发量

由图 2.118 可见,1954—2013 年南昌县年平均蒸发量为 1593.8 mm,近 60 年蒸发量无明显变化趋势。年蒸发量最大值出现在 1971 年,为 2214.2 mm;年蒸发量最小值出现在 1999 年,为 1256.1 mm。

3.3.10　土壤含水量

（1）不同深度土层各月相对湿度

由图 2.119 可见,2010—2015 年南昌县 10 cm 土层平均相对湿度为 96.5%。2 月 10 cm 土层平均相对湿度无明显变化趋势,3 月、5 月、7 月、8 月、11 月和 12 月 10 cm 土层平均相对湿度呈增加的趋势,其余月份 10 cm 土层平均相对湿度均呈下降的趋势。

由图 2.120 可见,2010—2015 年南昌县 20 cm 土层平均相对湿度为 94.1%。4—6 月 20 cm 土层平均相对湿度无明显的变化趋势,2 月、3 月、7 月、8 月、11 月和 12 月 20 cm 土层平均相对湿度均呈增加的趋势,其余月份 20 cm 土层平均相对湿度均呈下降的趋势。

由图 2.121 可见,2010—2015 年南昌县 30 cm 土层平均相对湿度为 87.4%。4 月和 6 月 30 cm 土层平均相对湿度无明显的变化趋势,2 月、3 月、7 月、8 月、11 月和 12 月 30 cm 土层平均相对湿度均呈增加的趋势,其余月份 30 cm 土层平均相对湿度均呈下降的趋势。

由图 2.122 可见,2010—2015 年南昌县 40 cm 土层平均相对湿度为 92.1%。5 月 40 cm 土层平均相对湿度无明显的变化趋势,2—4 月、6—8 月、11 月和 12 月 40 cm 土层平均相对湿度均呈增加的趋势,其余月份 40 cm 土层平均相对湿度均呈下降的趋势。

由图 2.123 可见,2010—2015 年南昌县 50 cm 土层平均相对湿度为 100.5%。9 月 50 cm 土层平均相对湿度无明显的变化趋势,2—8 月、11 月和 12 月 50 cm 土层平均相对湿度均呈增加的趋势,1 月和 10 月 50 cm 土层平均相对湿度均呈下降的趋势。

（2）不同深度土层年土壤相对湿度

由图 2.124 可见,2010—2015 年南昌县不同年份各土层的相对湿度分布规律基本一致,均呈 50 cm＞10 cm＞20 cm＞40 cm＞30 cm,土壤相对湿度年际波动较小。2010—2015 年 10～50 cm 土层年平均相对湿度分别为 93.6%、87.9%、97.1%、93.4%、92.1%和 99.7%。

3.4　辐射资源

3.4.1　日照时数和日照百分率

（1）各月日照时数

由图 2.125 可见,1954—2015 年南昌县 7 月日照时数最多,平均达 243.0 h;其次为 8 月,月日照时数平均达 239 h;2 月、3 月和 1 月日照时数最少,平均分别为 80.5 h、89.4 h 和 94 h。7—10 月平均日照时数均在年平均值以上,6 月平均日照时数恰好在年平均值上,其余月份平均日照时数均在年平均日照时数以下。

从各月极值来看,1954—2015 年南昌县 1 月日照时数最大值出现在 1963 年,达 229.4 h,日照时数最小值出现在 1989 年,仅为 25.1 h。2 月日照时数最大值出现在 1960 年,达 159.5

h,日照时数最小值出现在 1959 年,仅为 15.8 h。3 月日照时数最大值出现在 1962 年,达 175.8 h,日照时数最小值出现在 1980 年,仅为 23.4 h。4 月日照时数最大值出现在 2005 年,达 195.2 h,日照时数最小值出现在 1995 年,仅为 46.1 h。5 月日照时数最大值出现在 1986 年,达 223.2 h,日照时数最小值出现在 1996 年,仅为 63.7 h。6 月日照时数最大值出现在 1956 年,达 243.1 h,日照时数最小值出现在 1998 年,仅为 55.1 h。7 月日照时数最大值出现在 1964 年,达 353.9 h,日照时数最小值出现在 1954 年,仅为 114.0 h。8 月日照时数最大值出现在 1966 年,达 344.0 h,日照时数最小值出现在 1980 年,仅为 110.2 h。9 月日照时数最大值出现在 1955 年,达 285.7 h,日照时数最小值出现在 1988 年,仅为 99.7 h。10 月日照时数最大值出现在 1979 年,为 279.7 h,日照时数最小值出现在 2000 年,仅为 79.3 h。11 月日照时数最大值出现在 1964 年,达 224.7 h,日照时数最小值出现在 2015 年,仅为 60.9 h。12 月日照时数最大值出现在 1973 年,达 224.7 h,日照时数最小值出现在 1957 年,仅为 34.8 h。

从变化趋势来看,1954—2015 年南昌县 4 月和 5 月日照时数无明显变化趋势。其余月份日照时数均呈明显下降的趋势,8 月日照时数下降幅度最大,降幅为 16.4 h/10a;其次为 9 月和 7 月,日照时数降幅分别为 12.2 h/10a 和 11.5 h/10a;再次为 1 月和 6 月,日照时数降幅达 8.3 h/10a 和 8.1 h/10a。

(2)年日照时数

由图 2.126 可见,1954—2015 年南昌县平均年日照时数为 1764.3 h,近 62 年日照时数一直呈极显著下降的趋势,降幅为 73.8 h/10a。年日照时数极大值出现在 1963 年,达 2424.6 h;年日照时数极小值出现在 1997 年,仅为 1326.8 h。

(3)各月日照百分率

由图 2.127 可见,1954—2015 年南昌县 8 月平均日照百分率最大,达 58.8%;其次为 7 月,月平均日照百分率达 57.2%。3 月、2 月和 1 月平均日照百分率最低,分别为 23.9%、24.6% 和 28.4%。7—11 月平均日照百分率均在年平均值以上,12 月平均日照百分率恰好在年平均值上,其余月份平均日照百分率均在年平均日照百分率以下。

从变化趋势来看,1954—2015 年南昌县 3—5 月和 12 月日照百分率无明显的变化趋势,其余月份日照百分率均显著下降。降幅最大的为 8 月,降低幅度为 4.4%/10a;其次为 9 月,日照百分率降低幅度为 3.5%/10a。

(4)年日照百分率

由图 2.128 可见,1954—2015 年南昌县平均年日照百分率为 39.3%,近 62 年年日照百分率一直呈极显著下降的趋势,降幅为 1.9%/10a。年日照百分率极大值出现在 1963 年,达 54.6%,年日照百分率极小值出现在 2013 年,仅为 27.8%。

3.4.2 各级日照百分率日数

(1)各月日照百分率≥60% 日数

由图 2.129 可见,1954—2015 年南昌县 8 月日照百分率≥60.0% 日数最多,平均达 18.8 d;其次为 7 月,月日照百分率≥60.0% 日数达 18.5 d;3 月、2 月和 4 月日照百分率≥60.0% 日数最少,分别为 6.3 d、6.6 d 和 7.8 d。7—12 月日照百分率≥60.0% 日数均在年平均值以上,其余月份日照百分率≥60.0% 日数均在年平均值以下。

从变化趋势来看,1954—2015 年南昌县 12 月日照百分率≥60.0% 日数无明显变化,5 月日照百分率≥60.0％日数呈增加的趋势,其余月份日照百分率≥60.0％日数均呈减少的趋势。减少幅度最大的为8月,幅度为1.6 d/10a;其次为9月,月日照百分率≥60.0％日数减少幅度达1.3 d/10a;再次为1月,月日照百分率≥60.0％日数减少幅度为0.8 d/10a。

(2)各月日照百分率≤20％日数

由图2.130可见,1954—2015年南昌县3月、1月和2月日照百分率≤20.0％日数最多,分别为19.2 d、17.4 d和17.0 d;8月、7月和9月日照百分率≤20.0％日数最少,分别为4.8 d、5.8 d和7.7 d。1—6月日照百分率≤20.0％日数在年平均值以上,12月日照百分率≤20.0％日数与平均值相当,其余月份日照百分率≤20.0％日数均在年平均值以下。

从变化趋势来看,1954—2015年南昌县3月和10月日照百分率≤20.0％日数无明显变化,5月日照百分率≤20.0％日数呈减少的趋势,其余月份日照百分率≤20.0％日数均呈增加的趋势。增幅较大的4个月为8月、1月、7月和9月,增幅分别为1.0 d/10a、0.9 d/10a、0.8 d/10a和0.7 d/10a。

(3)年日照百分率≥60％日数

由图2.131可见,1954—2015年南昌县年日照百分率≥60.0％日数平均为141.3 d,近62年年日照百分率≥60.0％日数一直呈极显著减少的趋势,减少幅度为6.3 d/10a。年日照百分率≥60.0％日数极大值出现在1963年,达205 d,年日照百分率≥60.0％日数极小值出现在1997年,仅为96.0 d。

(4)年日照百分率≤20％日数

由图2.132可见,1954—2015年南昌县年日照百分率≤20.0％日数平均为149.8 d,近62年年日照百分率≤20.0％日数一直呈极显著增加的趋势,增幅为4.4 d/10a;年日照百分率≤20.0％日数极大值出现在1997年,达190.0 d,年日照百分率≤20.0％日数极小值出现在1963年,仅为93.0 d。

3.4.3 无日照及连续无日照日数

(1)各月无日照日数

由图2.133可见,1954—2015年南昌县3月无日照日数最多,平均达15.8 d;其次为1月和2月,月无日照日数分别为15.3 d和14.3 d;8月、7月和9月无日照日数最少,分别仅为3.0 d、3.8 d和5.2 d。1—5月和12月无日照日数均在年平均值以上,其余月份无日照日数均在年平均值以下。

从变化趋势来看,1954—2015年南昌县4月、5月和12月无日照日数无明显变化趋势。1月无日照日数增幅最大,增幅为1.1 d/10a;其次为7月、9月和11月,月无日照时数增幅均达到0.8 d/10a。

(2)各月连续无日照日数

由图2.134可见,1954—2015年南昌县3月最长连续无日照日数最多,平均达7.6 d;其次为1月和2月,月最长连续无日照日数分别为7.3和7.2 d。8月最长连续无日照日数最少,仅为1.7 d。

从变化趋势来看,1954—2015年南昌县4月、5月和12月最长连续无日照日数无明显变化趋势。1月连续最长无日照日数增幅最大,为1.1 d/10a;其次为7月、9月和11月,最长连续无日照日数增幅达0.8 d/10a。

(3)年无日照日数

由图 2.135 可见,1954—2015 年南昌县无日照日数平均为 116.4 d,近 62 年年无日照日数一直呈极显著增加的趋势,增幅为 6.5 d/10a。年无日照日数极大值出现在 2013 年,达182.0 d;年无日照日数极小值出现在 1963 年,仅为 65.0 d。

(4)历年年最长连续无日照日数

由图 2.136 可见,1954—2015 年南昌县年最长连续无日照日数平均为 11.3 d,近 62 年年最长连续无日照日数一直呈增加的趋势,增幅为 0.6 d/10a。年最长连续无日照日数极大值出现在1987 年,达 31.0 d;年最长连续无日照日数极小值出现在 1964 年和 1965 年,均为 6.0 d。

3.4.4 辐射

由图 2.137 可见,2006—2015 年南昌县年直接辐射最高值出现在南昌县北部的蒋巷玉丰一带,年直接辐射为 2000 MJ·m^{-2} 以上;其次为中部的八一涂埠和幽兰等地区,年直接辐射在 1950～2000 MJ·m^{-2}。南部的三江、广福和黄马地区年直接辐射最少。

2006—2015 年南昌县年散射辐射最高值出现在八一涂埠地区,为 2325 MJ·m^{-2} 以上,主要为南昌县城所在区域,在 2320～2325 MJ·m^{-2} 之间。南昌县南部的黄马地区年散射辐射最少。

由图 2.138 可见,2006—2015 年南昌县年总辐射最高值出现在八一涂埠地区,主要为县城所在区域,年总辐射为 4300 MJ·m^{-2} 以上。南昌县北部和中部大部地区年总辐射为 4250～4300 MJ·m^{-2};南部的三江、广福和黄马地区年总辐射最少,在 4150～4200 MJ·m^{-2} 之间。

3.5 风与风能资源

3.5.1 平均风速

(1)各月平均风速

由图 2.139 可见,1954—2015 年南昌县各月平均风速均呈下降的趋势,降幅最大的为 11月,降幅为 0.3(m·s^{-1})/10a,其次为 1 月。从月平均风速的下降趋势来看,近 62 年 4 月和 6 月平均风速一直稳步下降,其余月份月平均风速前 40 年下降显著,近 20 年出现缓慢上升的趋势。

(2)年平均风速

由图 2.140 可见,1954—2015 年南昌县年平均风速呈稳步下降的趋势,降幅为 0.2(m·s^{-1})/10a,1990 年以后年平均风速下降趋势明显减缓。年平均风速最大值出现在 1955 年,达4.0 m·s^{-1};年平均风速最小值出现在 2001 年,为 1.7 m·s^{-1}。

(3)区域自动气象站月平均风速

由图 2.141 可见,2006—2015 年南昌县 1 月平均风速大部分区域为 2.6 m/s 左右。2 月平均风速大部分区域为 2.7m/s 左右,南新丰洲、蒋巷玉丰、塘南港头等东北部区域主要为 3.3～3.6 m/s。3 月平均风速大部分区域为 2.4 m/s 左右,南新丰洲、蒋巷玉丰、塘南北星一带的区域主要为 3.0～3.6 m/s。4 月平均风速大部分区域为 2.4 m/s 左右,南新丰洲、蒋巷玉丰、塘南北星一带的区域主要为 3.0～3.6 m/s。5 月平均风速大部分区域为 1.8 m/s,蒋巷玉丰附近区域为 3.6 m/s 左右。6 月平均风速大部分区域为 1.6 m/s,南新丰洲、蒋巷玉丰为 2.5

m/s 左右。7 月平均风速大部分区域为 2.0 m/s,蒋巷玉丰为 3.6 m/s。8 月平均风速大部分区域为 1.9 m/s,蒋巷玉丰为 3.6 m/s,武阳西游为 0.5 m/s。9 月平均风速大部分区域为 2.5 m/s,武阳西游为 1.1 m/s。10 月平均风速大部分区域为 2.5 m/s,武阳西游为 0.9 m/s。11 月平均风速大部分区域为 2.5 m/s,武阳西游、冈上、广福为 1.3 m/s。12 月平均风速大部分区域为 2.5 m/s,武阳西游、冈上、广福为 1.3m/s。

(4)区域自动气象站年平均风速

由图 2.142 可见,2006—2015 年南昌县年平均风速大部分区域在 1.5～3.3 m/s 之间。武阳西游较低,在 0.2 m/s 以下。

3.5.2 大风日数

(1)各月大风日数

由图 2.143 可见,1951—2015 年南昌县 6 月出现大风的日数最少,平均为 0.3 d,最多的为 1979 年,为 3.0 d。4 月和 5 月出现大风日数较多,平均分别为 1.2 d 和 1.3 d。除 9 月外,其余月份前 30 年(1951—1980 年)大风日数均呈上升趋势,近 36 年(1981—2016 年)大风日数均呈下降趋势。1951—2015 年南昌县各月大风日数总体呈减少趋势。

(2)年大风日数

由图 2.144 可见,1951—2015 年南昌县年大风日数极大值出现在 1967 年,为 44 d;1967 年之前呈显著上升趋势,达 1.9 d/a,1967 年后呈显著下降趋势,达 0.3 d/年。1951—2015 年南昌县年大风日数呈下降趋势。

3.5.3 最大风速

(1)各月最大风速

由图 2.145 可见,1972—2015 年南昌县各月平均最大风速呈下降的趋势,降幅最大的为 4 月,达 1.6 (m·s⁻¹)/10a;其次为 5 月,月平均最大风速降幅达 1.5 (m·s⁻¹)/10a。从月平均风速下降趋势来看,4—8 月平均最大风速呈稳步下降的趋势,其余月份月平均最大风速下降主要出现在 1972—1992 年之间。

(2)年最大风速

由图 2.146 可见,1972—2015 年南昌县年最大风速呈稳步下降的趋势,降幅为 1.6 (m·s⁻¹)/10a。年最大风速的极大值出现在 1983 年,为 23.0 m·s⁻¹;年最大风速的极小值出现在 2001 年,不足 9.0 m·s⁻¹。

(3)区域自动气象站月最大风速

由图 2.147 可见,2006—2015 年南昌县 1 月最大风速大部分区域为 3.3 m/s 左右,南新丰洲、蒋巷玉丰、塘南港头等东北部区域主要为 5.4 m/s。2 月最大风速大部分区域为 3.3 m/s 左右,南新丰洲、蒋巷玉丰、塘南港头、塔城、幽兰等区域主要为 5.4 m/s。3 月最大风速大部分区域为 3.3 m/s 左右,南新丰洲、蒋巷玉丰、塘南北星、泾口一带的区域主要为 5.4 m/s。4 月最大风速大部分区域为 3.3 m/s 左右,南新丰洲、蒋巷玉丰、塘南北星、泾口一带的区域主要为 5.4 m/s。5 月最大风速大部分区域为 3.3 m/s 左右,南新丰洲、蒋巷玉丰区域主要为 5.4 m/s,武阳西游为 1.5 m/s。6 月最大风速大部分区域为 3.3 m/s 左右,南新丰洲、蒋巷玉丰区域主要为 5.4 m/s,武阳西游为 1.5 m/s。7 月最大风速大部分区域为 3.3 m/s 左右,蒋巷玉丰区域为 10.7 m/s,武阳西游为 1.5 m/s。8 月最大风速大部分区域为 3.3 m/s,蒋巷玉丰、塘南北星、泾口为 5.4 m/s,武阳西游为 1.5 m/s。9 月最大风速大部分区域为 3.3 m/s,蒋巷玉丰、塘南北星、泾口杨芳、塔城北洲、黄马为 5.4 m/s,武阳西游为 1.5 m/s。10 月最大风速大部分区域为 3.3 m/s,泾口杨芳、塔城北洲、黄马为 5.4 m/s,武阳西游为 1.5 m/s。11 月最大风速大部分区域为 3.3 m/s,蒋巷玉丰、塘南北星、泾口杨芳、黄马为 5.4 m/s,武阳西游为 1.5 m/s。12 月最大风速大部分区域为 3.3 m/s,蒋巷玉丰、南新丰洲、泾口、塘南北星、黄马为 5.4 m/s,武阳西游为 1.5 m/s。

(4)区域自动气象站年最大风速

由图 2.148 可见,2006—2015 年南昌县年最大风速大部分区域在 3.3 m/s,蒋巷玉丰、南新丰洲、泾口、塘南北星、黄马、塔城北洲为 5.4 m/s,武阳西游为 1.5 m/s。

3.5.4 极大风速

(1)区域自动气象站月极大风速

由图 2.149 可见,2006—2015 年南昌县 1 月极大风速大部分区域为 7.9～10.7 m/s,蒋巷水管、五星农场、冈上、向塘、广福、三江源溪等区域主要为 5.4m/s,武阳西游为 1.5 m/s。2 月极大风速大部分区域为 7.9～10.7 m/s,武阳西游、广福宋洲、五星农场等区域主要为 5.4 m/s。3 月极大风速大部分区域为 7.9～10.7 m/s,武阳西游、向塘剑霞、冈上、广福宋洲等区域主要为 5.4 m/s。4 月极大风速大部分区域为 7.9～10.7 m/s,武阳西游、冈上、广福宋洲区域主要为 5.4 m/s。5 月极大风速大部分区域为 5.4～7.9 m/s,南新丰洲、蒋巷玉丰、泾口、小兰、塔城、黄马等区域主要为 10.7 m/s,武阳西游为 3.3 m/s。6 月极大风速大部分为 5.4～7.9 m/s,南新丰洲、蒋巷玉丰、泾口、小兰、塔城、黄马区域主要为 10.7 m/s。7 月极大风速大部分区域为 7.9～10.7 m/s,蒋巷玉丰为 12.5 m/s,武阳西游为 3.3 m/s。8 月极大风速大部分区域为 7.9～10.7 m/s,南新丰洲、蒋巷水管、塘南港头、八一乡、向塘、三江源溪、广福为 5.4 m/s,武阳西游为 1.5 m/s。9 月极大风速大部分区域为 7.9～10.7 m/s,南新丰洲、蒋巷玉丰、泾口杨芳、幽兰涂洲、塔城北洲、八一乡、小兰、三江源溪、黄马为 5.4 m/s,武阳西游为 1.5 m/s。10 月极大风速大部分区域为 7.9～10.7 m/s,南新丰洲、蒋巷玉丰、泾口杨芳、幽兰涂洲、塔城北洲、八一乡、小兰、三江源溪、黄马为 5.4 m/s,武阳西游为 1.5 m/s。11 月极大风速大部分区域为 7.9～10.7 m/s,南新丰洲、蒋巷玉丰、泾口杨芳、幽兰涂洲、塔城北洲、八一乡、小兰、三江源溪、黄马为 5.4 m/s,武阳西游为 1.5 m/s。12 月极大风速大部分区域为 7.9～10.7 m/s,南新丰洲、蒋巷玉丰、泾口、幽兰涂洲、塔城北洲、八一乡、小兰、三江源溪、黄马为 5.4 m/s,武阳西游为 1.5 m/s。

(2)区域自动气象站年极大风速

由图 2.150 可见,2006—2015 年南昌县年极大风速大部分区域在 7.9～10.7 m/s,蒋巷水管、五星农场、冈上、广福宋洲、向塘剑霞、三江源溪为 5.4 m/s,武阳西游为 1.5 m/s。

3.5.5 风向

(1)各月风向频率玫瑰图

由图 2.151 可见,1954—2015 年南昌县 1—5 月及 9—12 月均由偏北风主导,6 月和 8 月由东北风和西南风共同控制,7 月由西南风主导。

（2）年风向频率玫瑰图

由图 2.152 可见,1954—2015 年南昌县年风向均由偏北风主导。

（3）区域自动气象站年风玫瑰图

由图 2.153 可见,五星农场站全年主导风向为正北偏西风,塘南港头站全年主导风向为正北风和正北偏西风,八一涂埠站全年主导风向为正北风,武阳西游站全年主导风向为正北偏东风,塘南北星站全年主导风向为正北风,蒋巷水站全年主导风向为正北偏东风,冈上站全年主导风向为东北风,幽兰涂洲站全年主导风向为正北风,泾口东升站全年主导风向为正北风,广福宋洲站全年主导风向为正北偏东风,小蓝虎山站全年主导风向为正北风,蒋巷玉丰站全年主导风向为正北风和正北偏东风,南新丰洲站全年主导风向为正北风和正北偏东风,黄马东山门站全年主导风向为正北偏西风,塔城北洲站全年主导风向为正北偏西风,泾口杨芳站全年主导风向为正北风。

（4）年主导风向

由图 2.154 可见,1954—2015 年南昌县全年风向主要由偏北风主导,仅出现少数西南风控制的情况。

3.5.6 风功率密度

（1）10 m 高度风速和风功率密度

由图 2.155 可见,2006—2015 年南昌县 10 m 高度平均风速北部最大在 4 m/s 以上,中部的泾口最低在 3 m/s 以下;其余地区在 3.3～3.6 m/s 之间。2006—2015 年南昌县 10 m 高度风功率密度大部分区域在 50～100 W/m²,北部最高在 150 W/m² 以上,中部泾口、塔城及南部广福、三江、黄马最低在 50 W/m² 以下。

（2）50 m 高度风速和风功率密度

由图 2.156 可见,2006—2015 年南昌县 50 m 高度平均风速北部最大在 5.6 m/s 以上,中部的泾口最低在 5 m/s 以下;其余地区在 5.2～5.5 m/s 之间。2006—2015 年南昌县 50 m 高度风功率密度大部分区域在 150～200 W/m² 之间,北部最高在 200 W/m² 以上。

（3）70 m 高度风速和风功率密度

由图 2.157 可见,2006—2015 年南昌县 70 m 高度平均风速北部最大在 5.8 m/s 以上,中部的泾口最低在 5.5 m/s 以下;其余地区在 5.6～5.7 m/s 之间。2006—2015 年南昌县 70 m 高度风功率密度大部分区域在 200～240 W/m² 之间,北部最高在 260 W/m² 以上。

3.6 云量、雾霜、雷暴等天气现象

3.6.1 云量

（1）各月平均总云量

由图 2.158 可见,1954—2015 年南昌县各月平均总云量变化幅度较小,变化趋势较平稳;1—6 月平均总云量高于 7—12 月,3 月和 6 月平均总云量为最高,7,8,9 月平均总云量最少,为 5.6。月平均总云量最大值出现在 1980 年 3 月,为 9.7;月平均总云量最小值出现在 1979 年 10 月,为 1.9。

(2)各月平均低云量

由图 2.159 可见,1954—2015 年南昌县各月平均低云量均呈增加的趋势,1 月平均低云量的增幅最大,为 0.7/10a;其次为 2 月和 11 月,月平均低云量增幅为 0.5/10a;3 月、6 月、9 月、10 月和 12 平均低云量的增长趋势为 0.4/10a,4 月、8 月和 7 月平均低云量的增长趋势为 0.2/10a,5 月平均低云量的增长趋势最小,为 0.1/10a。

1954—2015 年南昌县 1—6 月平均低云量高于 7—12 月,3 月平均低云量最高,为 5.4;10 月平均低云量最少,为 2.9。月平均低云量最大值出现在 2012 年 2 月和 1998 年 3 月,均为 8.3;月平均低云量最小值出现在 1963 年 1 月,为 0.0。

(3)年平均总云量

由图 2.160 可见,1954—2015 年南昌县年平均总云量为 6.7,年际变化幅度较小。年平均总云量最大值出现在 2000 年,为 7.6;年平均总云量最小值出现在 2013 年,为 6.1。

(4)年平均低云量

由图 2.161 可见,1954—2015 年南昌县年平均低云量为 4.0,呈逐年增大的趋势。年平均低云量最大值出现在 2015 年,为 6.1;年平均低云量最小值出现在 1962 年,为 2.4。

3.6.2 雾日数和霾日数

(1)各月雾日数

由图 2.162 可见,1954—2015 年南昌县各月雾日数无明显的变化;雾主要出现在 11 月和 12 月及 1—4 月。1 月和 12 月雾日数较多,平均为 2.8 d;5—10 月雾日数较少,平均月雾日数为 0.4 d;8 月雾日数最少,平均为 0.05 d。

(2)各月霾日数

由图 2.163 可见,1954—2015 年南昌县各月霾日数均呈增加的趋势,1 月、10—12 月霾日数的增幅较大,平均为 1.5 d/10a;其他月份霾日数增幅为 0.5 d/10a。7 月霾日数最少,平均为 0.4 d;12 月霾日数最多,平均为 4.5 d。

(3)年雾日数

由图 2.164 可见,1954—2015 年南昌县年平均雾日数为 15.6 d,年雾日数最大值为 36.0 d,出现在 1961 年;年雾日数最小值为 4.0 d,出现在 1964 年、2011 年和 2012 年。近 62 年来南昌县雾日数呈减少的趋势。

(4)年霾日数

由图 2.165 可见,1978 年以前霾日数较少,年平均为 1.8 d;1979 年以后霾日数迅速增加,年平均为 38.3 d。无霾的年份为 1956 年、1957 年、1960 年、1962—1968 年、1970 年、1973 年、1975 年、1978 年、1982 年、1984 年、1987 年和 2001 年;1995 年霾日数最多,达 116.0 d。

3.6.3 能见度

(1)各月能见度小于 10 km 出现的频率

由图 2.166 可见,1954—2015 年南昌县各月能见度小于 10 km 出现的频率均呈增加的趋势,1 月、11 月和 12 月能见度小于 10 km 出现频率的增幅较大,平均为 5.6%/10a。

1954—2015 年南昌县 12 月和 1 月能见度小于 10 km 出现频率较高,分别为 34.9% 和 40.2%;7 月能见度小于 10 km 出现频率最小,为 10.3%。

（2）各月能见度小于 1 km 出现的频率

由图 2.167 可见，1954—2015 年南昌县各月能见度小于 1 km 出现的频率总体无明显变化趋势，11 月和 12 月能见度小于 1 km 出现的频率呈增加趋势。月能见度小于 1 km 出现频率的最大值为 2.4%，出现在 1 月；月能见度小于 1 km 出现频率的最小值为 0.02%，出现在 8 月。

（3）年能见度小于 10 km 出现的频率

由图 2.168 可见，1954—2015 年南昌县平均年能见度小于 10 km 出现的频率为 27.1%，年能见度小于 10 km 出现频率最大值为 48.0%，出现在 2014 年；年能见度小于 10 km 出现频率的最小值为 10.4%，出现在 1963 年。近 62 年南昌县年能见度小于 10 km 的出现频率呈增大的趋势。

（4）年能见度小于 1km 出现的频率

由图 2.169 可见，1954—2015 年南昌县平均年能见度小于 1 km 出现的频率为 1.0 %。年能见度小于 1 km 出现频率的最大值为 2.3%，出现在 1979 年；年能见度小于 1 km 出现频率的最小值为 0.4%，出现在 1954 年、1964 年、1974 年和 2014 年。

3.6.4　雷暴

（1）各月雷暴日数

由图 2.170 可见，1954—2015 年南昌县 6 月雷暴日数呈增加的趋势，增幅为 0.2 d/10a；7—9 月雷暴日数呈减少的趋势，减少幅度为 0.5 d/10a；其余月份雷暴日数无明显的变化趋势。

1954—2015 年南昌县 10—12 月及 1 月雷暴日数较少，雷暴主要发生在 3—8 月，8 月雷暴日数最多，平均达 8.8 d；11 月和 12 月雷暴日数最少，平均为 0.2d。1995 年 4 月雷暴日数为 19.0 d，为近 62 年来的极值。

（2）年雷暴日数

由图 2.171 可见，1954—2015 年南昌县平均年雷暴日数为 49.0 d，1973 年和 1975 年雷暴发生最多，年雷暴日数为 80.0 d；2011 年雷暴发生最少，年雷暴日数为 26.0 d。近 62 年南昌县年雷暴日数呈减少的趋势。

（3）雷暴初终日

由图 2.172 可见，1954—2015 年南昌县年平均雷暴初日为 2 月 16 日。2000 年雷暴初日出现最早，为 1 月 5 日；2011 年雷暴初日出现最晚，为 4 月 13 日。

由图 2.173 可见，1954—2015 年南昌县年平均雷暴终日为 10 月 10 日。1997 年雷暴终日出现最晚，为翌年 1 月 14 日；1959 年雷暴终日出现最早，为 8 月 13 日。

（4）落雷密度

由图 2.174 可见，1954—2015 年南昌县雷电主要集中出现在南部地区，北部和中部发生雷电的高密度地区较少，但南新乡和蒋巷镇之间为落雷密度较高的区域。

3.6.5　霜日数、霜初终日及年无霜期

（1）各月霜日数

由图 2.175 可见，1954—2015 年南昌县 11 月至翌年 3 月霜日数均呈减少的趋势，减少趋

势约为 0.5 d/10a;11 月、12 月、1 月、2 月和 3 月平均霜日数依次为 1.3 d、6.6 d、7.6 d、3.2 d 和 0.9 d;1963 年 1 月霜日数最多,为 23.0 d。5—10 月均未出现霜天气。

(2)年霜日数

由图 2.176 可见,1954—2015 年南昌县平均年霜日数为 19.5 d,呈明显减少的趋势。1962 年霜日数最多,达 43.0 d;1978 年霜日数最少,为 7.0 d。

(3)霜初终日

由图 2.177 可见,1954—2014 年南昌县年平均霜初日为 11 月 29 日。1981 年霜出现最早,为 10 月 24 日;1984 年和 2012 年霜出现最晚,两年均出现在 12 月 24 日。

由图 2.178 可见,1954—2014 年南昌县年平均霜终日为 2 月 28 日。2008 年霜终日出现最早,为 2009 年 1 月 16 日;1995 年霜终日出现最晚,为 1996 年 4 月 4 日。

(4)年无霜期

由图 2.179 可见,1954—2015 年南昌县年平均无霜期为 273.9 d,2013 年无霜期最长,为 344.0 d;1962 年无霜期最短,为 223.0 d。近 62 年来南昌县无霜期呈增加的趋势。

3.6.6　降雪日数、最大积雪深度及初终日

(1)各月降雪日数

由图 2.180 可见,1954—2014 年南昌县 11 月至翌年 3 月年降雪日数均呈减少的趋势,减少趋势约为 0.15 d/10a。

1954—2014 年南昌县降雪主要出现在 11 月至翌年 3 月,4 月仅在 1969 年、1972 年分别有 1.0 d 和 2.0 d 的降雪,其余月份均未出现降雪。11 月、12 月、1 月、2 月和 3 月平均降雪日数分别为 0.1 d、1.2d、3.8d、3.1d 和 0.6d;1977 年 1 份降雪日数最多,为 19.0 d。

(2)各月积雪日数

由图 2.181 可见,1954—2015 年南昌县 2 月积雪日数呈减少的趋势,减少趋势约为 0.3 d/10a;11 月、12 月、1 月和 3 月积雪日数变化不明显。

1954—2015 年南昌县积雪主要出现在 11 月至翌年 3 月,11 月仅在 1987 出现 2.0 d 的微量积雪。12 月、1 月、2 月和 3 月平均积雪日数分别为 0.30 d、1.20 d、1.30 d 和 0.10 d。

(3)年最大积雪深度

由图 2.182 可见,1961 年、1962 年、1964 年、1970 年、1972 年、1975 年、1980 年、1986 年、1996 年、2000 年、2001 年、2003 年、2006 年、2009 年和 2014 年南昌县无降雪;1974 年、1985 年、1987 年和 1992 年虽有降雪但为微量积雪。平均年最大积雪深度为 6.6 cm,1971 年积雪深度最深,为 24.0 cm,年平均最大积雪出现的普遍期为 1 月 29 日。

(4)年降雪日数、初日和终日

由图 2.183 可见,1954—2014 年南昌县年平均降雪日数为 8.9 d,1976 年降雪日数最多,为 29.0 d,2000 年和 2014 年无降雪。1954—2014 年南昌县降雪日数呈减少的趋势。

由图 2.184 可见,1954—2013 年南昌县平均降雪初日为 12 月 25 日,降雪初日最早出现在 1968 年 11 月 10 日,降雪初日最晚出现在 1987 年 2 月 22 日。近 60 年南昌县降雪初日呈推后的趋势(约延后 2.4 d/10a)。

由图 2.185 可见,1954—2013 年南昌县平均降雪终日为 2 月 24 日,降雪终日最早出现在 1999 年 1 月 12 日,降雪终日最晚出现在 1969 年 4 月 4 日。近 60 年南昌县降雪终日呈提前的

趋势(约提前 2.9 d/10a)。

(5)年积雪日数、初日和终日

由图 2.186 可见,1954—2015 年南昌县平均年积雪日数为 1.5 d。1955 年和 2005 年积雪日数最多,为 4.0 d;1961 年、1962 年、1964 年、1970 年、1972 年、1975 年、1980 年、1986 年、1996 年、2000 年、2001 年、2003 年、2006 年、2009 年和 2014 年均无积雪,积雪日数为 0.0 d。

由图 2.187 可见,1954—2015 年南昌县年平均积雪初日为 1 月 13 日,积雪初日最早出现在 1987 年 11 月 28 日,积雪初日最晚出现在 1966 年 2 月 22 日。近 62 年南昌县积雪初日呈推后趋势。

由图 2.188 可见,1954—2015 年南昌县年平均积雪终日为 2 月 11 日,积雪终日最早出现在 2010 年 1 月 3 日,积雪终日最晚出现在 1956 年 3 月 13 日和 2005 年 3 月 13 日。近 62 年南昌县积雪终日呈提前趋势。

3.6.7 冰雹日数

(1)各月冰雹日数

由图 2.189 可见,1954—2015 年南昌县冰雹仅出现在 3—6 月。3 月有 5 年出现冰雹,分别为 1956 年、1976 年、1987 年、1988 年和 1998 年;4 月有 4 年出现冰雹,分别为 1962 年、1983 年、1987 年和 2015 年;5 月有 3 年出现冰雹,分别为 1960 年、1999 年和 2005 年;6 月仅有 1 年发生冰雹,为 2006 年。

(2)年冰雹日数

由图 2.190 可见,1954—2015 年南昌县平均冰雹日数为 0.2 d,出现冰雹的时间分别为 1956 年 3 月、1960 年 5 月、1962 年 4 月、1976 年 3 月、1983 年 4 月、1987 年 3 月和 4 月、1988 年 3 月、1998 年 3 月、1999 年 5 月、2005 年 5 月、2006 年 6 月、2015 年 4 月各 1.0 d。

3.7 农业气象

3.7.1 主要农作物发育期

根据南昌县气象局(江西省农业气象试验站)1980—2015 年早稻各发育普遍期观测资料统计分析,图 2.191 为南昌县早稻各发育期最早日期、平均日期、最晚日期。具体各发育期日期见表 3.1。

表 3.1 南昌县 1980—2015 年早稻发育期

发育期	最早日期	平均日期	最晚日期
播种	3 月 21 日	3 月 30 日	4 月 11 日
出苗	3 月 26 日	4 月 4 日	4 月 18 日
三叶始期	4 月 1 日	4 月 15 日	4 月 24 日
三叶普期	4 月 8 日	4 月 17 日	4 月 26 日
移栽	4 月 16 日	4 月 29 日	5 月 8 日
返青	4 月 18 日	5 月 3 日	5 月 11 日

发育期	最早日期	平均日期	最晚日期
分蘖始期	4 月 28 日	5 月 12 日	5 月 21 日
分蘖普期	4 月 30 日	5 月 17 日	5 月 28 日
拔节始期	5 月 12 日	5 月 26 日	6 月 2 日
拔节普期	5 月 14 日	5 月 28 日	6 月 6 日
孕穗始期	5 月 28 日	6 月 7 日	6 月 18 日
孕穗普期	5 月 31 日	6 月 11 日	6 月 21 日
抽穗始期	6 月 5 日	6 月 15 日	6 月 24 日
抽穗普期	6 月 8 日	6 月 19 日	6 月 28 日
抽穗末期	6 月 13 日	6 月 22 日	7 月 3 日
乳熟	6 月 18 日	6 月 29 日	7 月 8 日
成熟	7 月 6 日	7 月 14 日	7 月 23 日

根据南昌县气象局(江西省农业气象试验站)1980—2015 年晚稻各发育普遍期观测资料统计分析,图 2.192 为南昌县晚稻各发育期最早日期、平均日期、最晚日期。具体各发育期日期见表 3.2。

表 3.2 南昌县 1980—2015 年晚稻发育期

发育期	最早日期	平均日期	最晚日期
播种	6 月 11 日	6 月 23 日	7 月 3 日
出苗	6 月 14 日	6 月 26 日	7 月 8 日
三叶始期	6 月 18 日	7 月 2 日	7 月 11 日
三叶普期	6 月 22 日	7 月 3 日	7 月 14 日
移栽	7 月 8 日	7 月 23 日	8 月 4 日
返青	7 月 12 日	7 月 26 日	8 月 8 日
分蘖始期	7 月 16 日	7 月 31 日	8 月 15 日
分蘖普期	7 月 18 日	8 月 2 日	8 月 17 日
拔节始期	7 月 31 日	8 月 15 日	8 月 26 日
拔节普期	8 月 2 日	8 月 18 日	8 月 31 日
孕穗始期	8 月 20 日	9 月 3 日	9 月 16 日
孕穗普期	8 月 24 日	9 月 7 日	9 月 22 日
抽穗始期	8 月 30 日	9 月 12 日	9 月 27 日
抽穗普期	9 月 1 日	9 月 16 日	10 月 2 日
抽穗末期	9 月 4 日	9 月 19 日	10 月 8 日
乳熟	9 月 12 日	9 月 28 日	10 月 15 日
成熟	10 月 4 日	10 月 21 日	11 月 2 日

根据南昌县气象局(江西省农业气象试验站)1981—2015 年油菜各发育普遍期观测资料统计分析,图 2.193 为南昌县油菜各发育期最早日期、平均日期、最晚日期。具体各发育期日期见表 3.3。

表 3.3　南昌县 1980—2015 年油菜发育期

发育期	最早日期	平均日期	最晚日期
播种	9 月 21 日	10 月 4 日	10 月 15 日
出苗	9 月 25 日	10 月 9 日	10 月 28 日
五叶始期	10 月 11 日	10 月 29 日	11 月 20 日
五叶普期	10 月 13 日	11 月 3 日	11 月 26 日
移栽	10 月 21 日	11 月 18 日	12 月 20 日
成活	10 月 27 日	11 月 23 日	12 月 27 日
现蕾始期	12 月 3 日	1 月 13 日	2 月 14 日
现蕾普期	12 月 30 日	1 月 20 日	2 月 16 日
抽薹始期	1 月 1 日	2 月 5 日	3 月 6 日
抽薹普期	1 月 11 日	2 月 13 日	3 月 10 日
开花始期	2 月 6 日	3 月 2 日	3 月 22 日
开花普期	2 月 16 日	3 月 10 日	3 月 24 日
开花盛期	2 月 26 日	3 月 20 日	4 月 9 日
绿熟	4 月 14 日	4 月 22 日	4 月 30 日
成熟	4 月 24 日	5 月 6 日	5 月 16 日

根据南昌县气象局(江西省农业气象试验站)1983—2015 年花生各发育普遍期观测资料统计分析,图 2.194 为南昌县各发育期最早日期、平均日期、最晚日期。具体各发育期日期见表 3.4。

表 3.4　南昌县 1980—2015 年花生发育期

发育期	最早日期	平均日期	最晚日期
播种	4 月 1 日	4 月 14 日	4 月 26 日
出苗	4 月 16 日	4 月 26 日	5 月 9 日
三真叶始期	4 月 18 日	4 月 30 日	5 月 12 日
三真叶普期	4 月 18 日	5 月 1 日	5 月 14 日
分枝始期	4 月 20 日	5 月 4 日	5 月 23 日
分枝普期	4 月 22 日	5 月 5 日	5 月 25 日
开花始期	5 月 10 日	5 月 23 日	6 月 4 日
开花普期	5 月 12 日	5 月 25 日	6 月 6 日
下针始期	5 月 24 日	6 月 2 日	6 月 17 日
下针普期	5 月 24 日	6 月 3 日	6 月 18 日
成熟	7 月 26 日	8 月 15 日	8 月 25 日

3.7.2　主要农业气象灾害

(1)春季低温

春季低温是指每年在早稻播种及幼苗生长期间,连续出现日平均气温低于 10℃,对早稻播种、育秧产生影响的阴雨天气。春季低温连阴雨发生后,早稻出苗推迟、不整齐,已出苗的秧苗泛黄,长势纤弱,严重的烂种、烂秧。

具体指标为:

重度:日平均气温低于 10℃持续时间≥5 d,每天日照少于 1 h。

轻度:日平均气温低于 10℃持续时间≥3 d,每天日照少于 1 h。

根据 1980—2015 年江西省农业气象试验站早稻生长发育期观测资料统计分析可知,南昌县双季早稻的播种及秧苗生长期在 3 月 21 日(最早)至 4 月 26 日(最晚)之间。

对南昌县气象局 1954—2015 年 3 月 21 日至 4 月 26 日气象观测资料进行统计分析可知,近 62 年共出现 26 次春季低温连阴雨天气,年平均发生 0.4 次。最多年份发生 2 次,出现 3 年,占总发生年份的 5%;最少年份发生 0 次,出现 39 年,占总发生年份的 63%;出现 1 次的为 20 年,占总发生年份的 32%。

由图 2.195 可见,1954—2015 年南昌县重度、轻度春季低温连阴雨及未发生春季低温连阴雨分别有 13 年、10 年和 39 年,分别占总年数的 21%、16%和 63%。

(2)小满寒

小满寒是指出现在春末夏初(小满节气前后)的低温冷害。发生时段为 5 月下旬至 6 月中旬,此时正值早稻幼穗分化阶段,小满寒出现会使幼穗分化受阻,造成短穗、小穗或小粒,产量降低。

具体指标为:

重度:日平均气温≤20 ℃的低温天气持续时间≥7 d;或持续时间为 4~5 d,期间有 1 日或以上日最低气温≤16 ℃。

中度:日平均气温≤20 ℃的低温天气持续时间≥5 d;或持续时间为 3 d,期间有 1 日或以上日最低气温≤16 ℃。

轻度:日平均气温≤20 ℃的低温天气持续时间≥3 d;或持续时间为 2 d,期间有 1 日或以上日最低气温≤16 ℃。

南昌县是典型的双季水稻种植区,年平均早稻种植面积达 60000 hm²,小满寒对南昌县水稻的生产非常不利。

根据 1980—2015 年江西省农业气象试验站早稻生长发育期观测资料统计分析可知,南昌县双季早稻的幼穗分化期在 5 月 12 日(最早)至 6 月 6 日(最晚)之间。

经过对 1954—2015 年 5 月 12 日至 6 月 6 日南昌县气象局气象观测资料统计分析可知,近 62 年共出现 101 次小满寒天气,年平均发生 1.6 次,最多年份发生 4.0 次(1984 年)。发生小满寒 0.0 次的年份为 1997 年、2001 年、2005 年、2008 年和 2012 年,占发生总年数的 8%;发生小满寒 1.0 次的为 24 年,占发生总年数 39%;发生小满寒 2.0 次的为 23 年,占发生总年数的 37%;发生小满寒 3.0 次的为 9 年,占发生总年数的 14%;发生小满寒 4.0 次的为 1 年,占发生总年数的 2%。

由图 2.196 可见,1954—2015 年南昌县重度、中度、轻度小满寒分别出现 41 次、18 次、42 次,分别占出现总次数的 41%、18%、41%。发生重度、中度、轻度小满寒分别有 33 年、7 年和 17 年,有 5 年未出现小满寒,分别占总年数的 53%、11%、28%、8%。

(3)高温逼熟

早稻在抽穗扬花至灌浆结实期遭遇日平均气温≥30 ℃、日最高气温≥35 ℃、日平均相对湿度≤70％的高温天气,在抽穗扬花期使花粉的生活力减弱,导致授粉不良,空秕粒增加而降低结实率,在灌浆期使灌浆速度减缓乃至停止,造成秕粒增加、粒重下降,使之早衰早熟,称之为高温逼熟现象。

具体指标为:

重度:出现日平均气温≥30 ℃、日最高气温≥35 ℃、日平均相对湿度≤70％的天气持续时间≥7 d;或出现不少于 3 次的轻度高温逼熟天气。

轻度:出现日平均气温≥30 ℃、日最高气温≥35 ℃、日平均相对湿度≤70％的天气持续时间≥3 d。

受害症状表现为早稻灌浆期缩短、灌浆不充分,成熟期提前;具体到产量结构,表现为粒重下降、秕谷率增加。

根据 1980—2015 年江西省农业气象试验站早稻生长发育期观测资料统计分析可知,南昌县双季早稻的抽穗扬花期至灌浆乳熟期在 6 月 5 日(最早)至 7 月 8 日(最晚)之间。

由图 2.197 可见,1954—2015 年南昌县共出现高温逼熟天气 25.0 次,年平均为 0.4 次;有 5 年出现 2.0 次高温逼熟天气,有 15 年出现 1.0 次高温逼熟天气,有 42 年未出现高温逼熟天气,分别占总年数的 8％、24％、68％。在出现高温逼熟天气的 20 年中,重度高温逼熟天气为 8 年,轻度高温逼熟天气为 12 年,分别占总年数的 40％、60％。

(4)寒露风

寒露风是指秋季冷空气侵入后引起的显著降温使水稻减产的低温冷害。在中国南方,寒露风多发生在"寒露"节气,故名寒露风。对晚稻的危害主要发生在晚稻抽穗扬花期间,具体指标见表 3.5。

表 3.5　晚稻寒露风危害指标

等级	条件					
	干冷型			湿冷型		
	日平均气温		日最低气温	日平均气温		日最低气温	影响雨
	气温(℃)	持续日数(d)	≤17℃日数(d)	气温(℃)	持续日数(d)	≤17℃日数(d)	日(d)
轻度	≤22	≥3	≥0	≤23	≥3	≥0	≥1
	≤22	2	≥1	≤23	2	≥1	≥1
中度	≤20	3—5	≥0	≤21	3—5	≥0	≥1
	≤20	2	≥1	≤21	2	≥1	≥1
重度	≤20	≥6	≥0	≤1	≥6	≥0	≥3

晚稻受寒露风危害症状表现为晚稻抽穗扬花受阻,结实率降低,可致严重减产或绝收,田间表现为"翘穗头"。

根据 1980—2015 年江西省农业气象试验站晚稻生长发育期观测资料统计分析可知,南昌县双季晚稻的抽穗扬花期在 8 月 30 日(最早)至 10 月 8 日(最晚)之间。

由图 2.198 可知,近 62 年南昌县共出现晚稻寒露风 111 次,年平均为 1.8 次;有 2 年出现 4 次寒露风,有 13 年出现 3 次寒露风,有 21 年出现 2 次寒露风,有 22 年出现 1 次寒露风,未出现寒露风的仅有 4 年,分别占总年数的 3％、21％、34％、35％、6％。近 62 年有 14 年出现重度寒露风,有 34 年出现中度寒露风,有 10 年出现轻度寒露风,有 4 年未出现寒露风,分别占总年数的 23％、55％、16％、6％。

(5)干旱

气象干旱综合指数(MCI)一般负值越大,表明干旱程度越严重。由图 2.199 可见,1954—2015 年南昌县 MCI 总体呈非显著增加的趋势,低值区分别出现在 1960—1970 年和 2002—2012 年。

由图 2.200 可见,1954—2015 年南昌县年平均轻旱日数为 48.1 d,轻旱日数呈减少趋势,减少的幅度 1.6 d/10a;年平均中旱日数为 8.0 d,中旱日数也呈减少的趋势,减少幅度为 1.5 d/10a;重旱仅在 1954 年、1963 年和 2011 年出现过,1963 年重旱日数最多,达 17.0 d;特旱仅在 1954 年出现过,特旱日数达 40.0 d。

3.7.3 农业气象灾害风险区划

(1)早稻小满寒

早稻小满寒灾害区划指标:5 月 21 日至 6 月 10 日,日平均气温≤20 ℃,持续 2 d,极端最低气温≤16 ℃,为轻度危害;日平均气温≤20 ℃,持续 3 d,极端最低气温≤16 ℃,为中度危害;日平均气温≤20 ℃,持续 3 d 以上,极端最低气温≤16 ℃,为重度危害。

由图 2.201 可见,南昌县早稻轻度小满寒灾害发生风险全县基本为 2～5 年一遇,中度灾害则为 10 年一遇,重度灾害为 50 年一遇,出现概率较低。

(2)晚稻寒露风

晚稻寒露风灾害区划指标:9 月 11 日至 10 月 10 日,日平均气温≤22 ℃、持续 3 d 为轻度危害;日平均气温≤20 ℃、持续 3～5 d 为中度危害;日平均气温≤20 ℃、持续时间≥6 d 为重度危害。

由图 2.202 可见,南昌县晚稻轻度和中度寒露风灾害发生风险全县均为 2～5 年一遇,重度风险在南昌县的中部地区包括泾口乡、幽兰镇及塘南镇大部和将军州农场部分地区为 10 年以上一遇,在其他地区基本为 5～10 年一遇。

(3)油菜低温冻害

油菜低温冷害灾害区划指标:12 月 1 日至 2 月 10 日期间,−7 ℃<日最低气温≤−5 ℃,为轻度危害;−8 ℃<日最低气温≤−7 ℃,为中度危害;日最低气温≤−8 ℃,为重度危害。

由图 2.203 可见,南昌县油菜低温冻害重度基本未发生;中度危害的发生频率基本为 50 年以上一遇,零星地区未发生;轻度危害的发生频率基本为 10 年以上一遇,零星地区未发生。

(4)西瓜春季低温

西瓜春季低温灾害区划指标:3 月 21 日至 4 月 30 日期间,日平均气温≤16 ℃,持续 3 d,为轻度危害;持续 4 d,为中度危害;持续 5 d,为重度危害。

由图 2.204 可见,南昌县西瓜春季低温重度危害的发生频率基本为 1～2 年一遇,发生频率极高,零星地区未发生;中度危害基本为 50 年以上一遇;轻度危害全部乡镇未发生。

3.8 气象灾害风险区划

由图 2.205 可见,南昌县低温冻害风险就全县范围来看,蒋巷、南新、塘南、泾口、向塘等乡镇发生概率最高,莲塘、东新、八一、富山、银三角等乡镇发生概率最低,其他乡镇发生的概率居中。

由图 2.206 可见,南昌县高温热害风险就全县范围来看,蒋巷、塘南、泾口、向塘等乡镇发生概率最高,南新、幽兰、武阳、冈上、广福、黄马等乡镇发生概率居中,其他乡镇发生概率最低。

由图 2.207 可见,南昌县暴雨风险就全县范围来看,塘南、莲塘、富山、广福、蒋巷、幽兰、泾口、武阳、向塘等乡镇发生概率最高,五星垦殖场、将军州农场、东新、黄马等乡镇(场)发生概率最低,其他乡镇发生概率居中。

由图 2.208 可见,南昌县干旱风险就全县范围来看,蒋巷、塘南、泾口等乡镇发生概率最高,向塘、幽兰等乡镇发生概率居中,其他乡镇发生概率最低。

由图 2.209 可见,南昌县雷电灾害风险就全县来看,莲塘和向塘发生概率最高,蒋巷、塘南、泾口、幽兰、武阳、银三角、冈上、广福等乡镇发生概率居中,其他乡镇发生概率最低。

由图 2.210 可见,南昌县气象灾害综合风险就全县来看,蒋巷、塘南、泾口、向塘发生的概率最高,南新、幽兰、武阳、冈上、广福等乡镇发生概率居中,其他乡镇发生的概率最低。

3.9　重大气象与农业气象灾害个例

(1)2005 年 5 月 16 日 16 时左右,南昌县富山、八一、武阳等乡镇出现了冰雹、大风等强对流天气,造成重大灾害。受灾人口 8.3565 万人;毁坏房屋 13938 间,倒塌房屋 121 间;农作物受灾面积 3890.0 hm²,绝收面积 186.7 hm²;直接经济损失达 3802.66 万元,农业直接经济损失 1530.36 万元。

(2)2006 年 6 月 10 日 16 时 30 分左右,受热力作用南昌县向塘、黄马、三江等乡镇出现冰雹、大风等强对流天气,造成重大灾害。全县受灾人口达 12.2958 万人;损坏房屋 10 990 间;农作物受灾面积 8760.0 hm²,绝收面积 1509.0 hm²;造成直接经济损失为 7346.85 万元,农业直接经济损失 5872.5 万元。

(3)2007 年 6 月 6 日、20 日、21 日、24 日、25 日和 7 月 11 日、16 日、27 日,8 月 3 日、11 日、27 日,受高空低槽和中层切变影响南昌县出现强雷电和短时雷雨大风,造成 22 人遭雷击死亡。

(4)2008 年 1 月 13 日至 2 月 2 日,受持续低温雨雪和冰冻天气影响,南昌县农业、电力设施、交通设施损失严重。据统计,南昌县受灾人口 3.775 万人,经济损失达 11.46 亿元。此次灾害主要造成的损失有:农业受灾面积 29426.66 hm²,经济损失达 20489.4 万元;水利设施损失 100 万元,电力设施损失 200 万元;交通经济损失 1622.2 万元;工业直接损失 18 500.8 万元,间接损失 69 166 万元;倒塌房屋 1702 间,经济损失 2874.8 万元;市政设施损失 744 万元,教育广电设施损失 870.6 万元。6 月 23 日南昌县出现短时强雷电天气,造成 1 人死亡。

(5)2010 年 4 月 11—14 日、19—21 日,南昌县出现大到暴雨,降雨量分别为 143.5 mm 和 106.3 mm,造成境内各乡镇出现了较严重的内涝。南新、泾口灾情最为严重。全县受灾人口达 21.7 万人,因灾死亡 1 人(21 日,塔城乡一村民在自家责任田里抛秧,遭雷击致死);农作物受灾面积达 8783.5 hm²,绝收面积 43.0 hm²;倒塌居民住房 10 间,损坏 22 间;直接经济损失 1444 多万元。受中低层切变线、低涡等天气影响,5 月南昌县共出现 6 轮暴雨天气过程,其中 6 日降水量达 156.2 mm,为历年同期最大。南昌县各乡镇均不同程度发生内涝,农作物遭受损失,共造成 5.9016 万人受灾,紧急转移安置 7 人;农作物受灾面积 4435 hm²,成灾面积 4130 hm²;经济总损失 232.2 万元。6 月 8—9 日、17 日出现暴雨,降雨量分别为 74.1 mm 和 65.2 mm,19 日出现特大暴雨,降雨量 278.2 mm,并伴有雷电,全县各江河水位均超警戒线,各乡镇发生较严重内涝,农田被淹,房屋损毁。19 日广福镇一民工在工地不幸被雷击身亡,共造成经济总损失 9390 万元。

(6)2011 年 1 月 18—20 日出现低温、雨雪、冰冻天气过程,南昌县普降中到大雪,电线结冰直径 60 mm。经济损失 96 万元,主要是蔬菜、果树、园林;受灾人口 1.3568 万人;受灾面积 1332 hm²。6 月 3—7 日、10—16 日、19 日受高空低槽东移、低层切变线和西南急流共同影响,南昌县出现了入汛以来最强的连续暴雨天气过程,过程降雨量分别为 109.9 mm、265.6 mm 和 52.7 mm。共造成 22.9 万人受灾,因灾紧急转移安置 12 人;农作物受灾面积 16470 hm²,绝收面积 1360 hm²;倒塌房屋 52 间,损坏房屋 120 间;直接经济损失 9500.0 万元。

(7)2012 年 4 月 10—28 日,南昌县出现短时强雷电,局地出现短时雷雨大风等强对流天气。被雷击死 5 人;3 户居民住房倒塌,损坏房屋达 1000 余间;造成经济损失 30 万元左右。5 月 12 日,南昌县普降大暴雨,降水量 147.9 mm。受灾人口 1.944 万人;农作物受灾面积 1043 hm²,成灾面积 250 hm²;直接经济损失 516.6 万元。6 月 8 日,南昌县出现短时雷雨大风等强对流天气。雷击死亡 2 人,受灾人口 18 人,倒塌房屋 2 户,直接经济损失 52 万元左右。7 月 15—17 日,南昌县出现一次对流性降雨过程,降水量 104.3 mm。房屋倒塌 5 间,受灾人口 1.1628 万人,农作物受灾面积 774 hm²,直接经济损失 171.5 万元。10 月 22 日,南昌县局地出现了雷雨大风等强对流天气。被雷击死 1 人,受灾人口 8 人,直接经济损失 25 万元左右。

(8)2013 年 6 月 26—29 日出现连续大暴雨过程,降雨量 367.8 mm。南昌县三江镇、塘南镇、岗上镇、泾口乡、南新乡、塔城乡、黄马乡、富山乡、东新乡、银三角管委会等 10 个乡镇受灾;受灾人口 4.817 万人;农作物受灾面积 3152 hm²,成灾面积 589 hm²,绝收面积 145 hm²;直接经济损失 468 万元。受稳定副热带高压控制,自 7 月 1 日以来,南昌县出现持续高温天气,高温日数达 45 d,日最高气温为 8 月 10 日和 11 日的 40.3 ℃。南昌县三江镇、塘南镇、幽兰镇、蒋巷镇、武阳镇、冈上镇、广福镇、泾口乡、南新乡、塔城乡、黄马乡、富山乡、八一乡、小蓝经济开发区等 14 个乡镇受灾,受灾人口 7.662 万人,饮水困难人口 0.802 万人,需紧急生活救助人口 1.069 万人;农作物受灾面积 6630 hm²,成灾面积 935 hm²,绝收面积 495 hm²;直接经济损失 1055 万元,农业损失 1055 万元。

(9)2014 年,受高空低槽东移和中低层切变线影响,6 月 27 日晚至 29 日,南昌县出现大到暴雨,部分乡镇大暴雨,降水量 48.8 mm。受灾乡镇 10 个,经济总损失 375 万元,受灾总人数 4.93 万人,受灾面积 2730 hm²。7 月 11 日受西风带低槽和地面弱冷空气共同影响,南昌县出现明显对流性天气过程,雷击导致死亡 1 人,经济总损失 1 万元。7 月 23—26 日受台风"麦德姆"影响,南昌县出现暴雨天气过程,降水量 136.2 mm,并伴有短时雷雨大风、强降水等对流性天气。全县受灾总人数 6009 人,经济总损失 802 万元。

(10)2015 年 4 月 3 日晚至 4 日,受高空低槽东移和中低层切变线影响,南昌县部分乡镇出现大暴雨天气过程。受灾乡镇 7 个,经济损失 302 万元,受灾人数 1.513 万人,受灾面积 300 hm²。6 月 22 日受高空低槽和中低层切变线逐渐东移、北抬共同影响,南昌县出现明显对流性天气过程。受灾乡镇 5 个,经济损失 301 万元,受灾人数 2.758 万人,受灾面积 1856 hm²。

(11)2016 年 4 月 3 日,南昌县局部乡镇出现强对流天气,蒋巷镇山尾村 1 名村民在自家责任田里作业,不慎遭雷击死亡。6 月 19 日,南昌县部分乡镇出现短时强对流天气,塔城乡南洲村和塘南镇新图村 2 名村民在自家稻田作业,不慎遭遇雷击死亡。

附录 1　南昌县气象站基本信息

南昌县气象局现位于南昌县莲塘镇莲良路 39 号,地理位置为 115°57′E,28°33′N。

1　历史沿革

1954 年 4 月江西省莲塘气候站建立,业务领导属江西省气象局。

1954 年 10 月莲塘气候站划为一等气候站。

1960 年 3 月成立南昌县水文气象站。

1962 年 6 月撤销南昌县水文气象站。

1975 年 10 月南昌县气象站在南昌县莲塘镇莲良路 34 号始建。

1976 年 1 月 1 日开始观测,属南昌县农业局领导。

1980 年 7 月撤站改局,由气象部门管理。

1980 年 12 月南昌县气象局与江西省农业气象试验站合署办公。

2　气象观测

南昌县气象局属国家一般气象站,每日 08 时、14 时、20 时(北京时)3 个时次观测,观测项目主要包括云、能见度、天气现象、气压、气温、湿度、风向风速、降水、雪深、日照、蒸发及地温等。

天气报主要包括云、能见度、天气现象、气压、气温、风向风速、降水、雪深、地温等。2008年新增加了预约航空报,主要包括云、能见度、天气现象、风向风速等。重要天气报主要包括暴雨、大风、雨凇、积雪、冰雹、龙卷风等。

南昌县气象局编制的报表有 2 份气表-1 和 2 份气表-21,向江西省气象局报送 1 份,本站留底本 1 份。2006 年 1 月通过内网向江西省气象局传输原始资料,停止报送纸质报表。

1976 年 1 月 1 日 01 时根据《地面气象规范》规定开始地面观测的项目观测。

1977 年 7 月增加对指示云、地方性云、系统云系等云天观测项目。

1980 年 1 月 1 日起执行中央气象局颁发的新版《地面气象观测规范》。

1985 年 1 月开始使用新的《湿度查算表》。

1988 年 1 月起南昌县气象站的地面气象记录报表自行编制、审核使用,不上报江西省气候中心,也不列入气候资料整编。

1989 年 1—12 月进行酸雨观测。8 月开始使用高频电话。

1990 年 5 月 1 日起每天用高频电话拍发 08 时的 GD-91 天气报。

1991 年 7 月 1 日起正式执行气象旬(月)报电码(HD-03),停止执行原气象旬(月)报电码(试行)(HD-02)。

1996年1月起执行《气象信息产品供应管理暂行规定》。4月起执行修改后的《江西省气象服务电码》，原GD-91电码作废。同年9月上旬起HD-03(AB)报改为气象信息网络传输。

1997年5月14日起执行《江西省气象情报及灾情收集上报办法》。

1998年3月1日00时起开始使用《加密气象观测报告电码》(简称GD-05报)。

2003年8月，南昌县气象局CAWS-600型自动气象站建成，11月1日开始试运行(至2003年12月)。

2004年开始以人工观测为主，自动观测为辅，2005年人工与自动站观测并行，2006年1月1日，自动气象站正式投入业务运行，人工辅助观测。

图A1.1　观测场全景图

图A1.2　办公楼全景照

附录 2　南昌县区域自动气象站基本信息

　　2003 年 8 月开始县域内自动气象站网的建设,在蒋巷、新联、冈上先后建成自动雨量观测站。经过 4 年多的升级和改造,2007 年 11 月按照江西省人民政府〔2006〕26 号文件的要求,完成了县域内覆盖每个乡镇的自动气象站网建设任务,为地方政府的气象服务更加及时有效(表 A2.1)。2008 年为了防灾减灾工作的需要,采购了温度、湿度、雨量、风向风速、气压六要素移动气象站。2016 年 12 月对蒋巷、蒋巷玉丰、泾口东升、黄马东山门 4 个区域站进行改造,全部下地,更换风传感器。

表 A2.1　南昌县区域自动气象站布点基本情况表

序号	乡(镇、村)	观测要素(个)	建立时间
1	八一乡涂埠村	4	2006 年 6 月
2	泾口乡杨芳村	4	2006 年 6 月
3	塔城乡北洲村	4	2006 年 6 月
4	向塘镇剑霞村	4	2006 年 6 月
5	黄马东山门	4	2006 年 6 月
6	南新乡丰洲村	4	2006 年 6 月
7	蒋巷镇玉丰村	4	2006 年 6 月
8	小兰乡虎山村	4	2006 年 7 月
9	广福镇宋洲村	4	2006 年 8 月
10	泾口乡东升村	4	2006 年 7 月
11	幽兰镇涂洲村	4	2006 年 7 月
12	冈上镇	4	2003 年 10 月
13	蒋巷镇水管站	4	2010 年 4 月
14	塘南乡北星村	4	2004 年 10 月
15	武阳西游	4	2007 年 10 月
16	塘南港头	4	2007 年 10 月
17	五星农场	6	2010 年 4 月
18	三江源溪	4	2013 年 4 月
19	武阳前进	4	2012 年 12 月

八一涂埠

塔城北洲

泾口杨芳

向塘剑霞

黄马东山门

南新丰洲

蒋巷玉丰

小兰虎山

广福宋洲

泾口东升

幽兰涂洲

冈上

蒋巷水管

塘南北星

武阳西游

塘南港头

五星农村

三江源溪

武阳前进

附录 3　南昌县气象设施分布情况

目前,南昌县共启用区域自动气象站共 17 个;建设大喇叭 328 个,显示屏 48 块(其中武阳镇和塔城南洲村做到了每个村组都设有大喇叭);共享有关部门摄像头 12 路,均匀分布在全县各处,用于局地小尺度天气现象观测(图 A3.1)。2016 年,南昌县政府同意启动南昌县气象防灾减灾科技园建设项目,目前已完成初步设计规划(图 A3.2)。

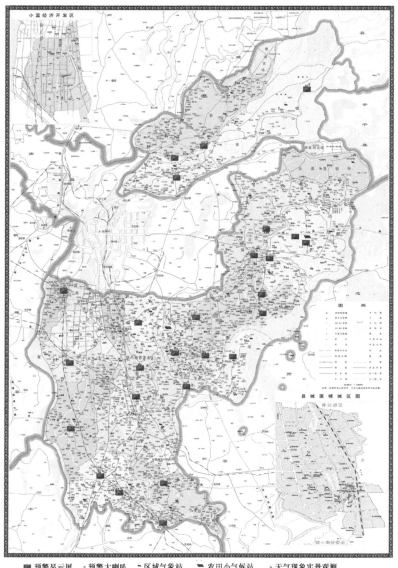

■ 预警显示屏　▲ 预警大喇叭　▼ 区域气象站　■ 农田小气候站　● 天气现象实景观测

图 A3.1　南昌县气象设施分布图

鸟瞰图

南昌县气象防灾减灾科技园建设设计项目

图A3.2 南昌县气象防灾减灾科技园总鸟瞰图